영한대역

IMO표준항해영어

용어 · 회화 · 해상통신법

김 웅 주 편저

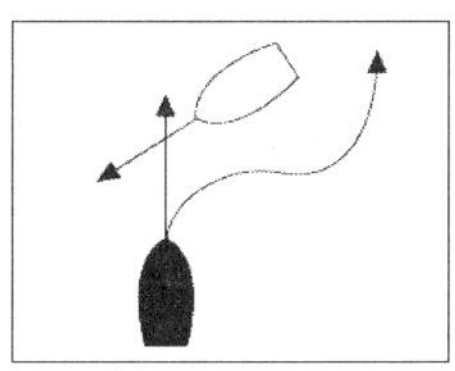

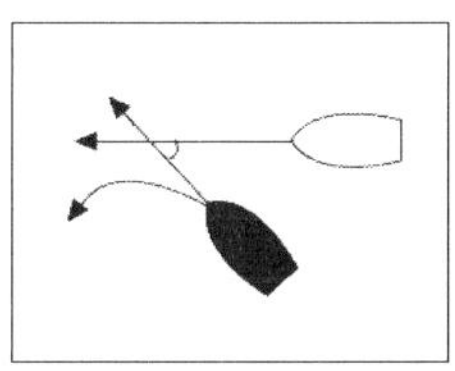

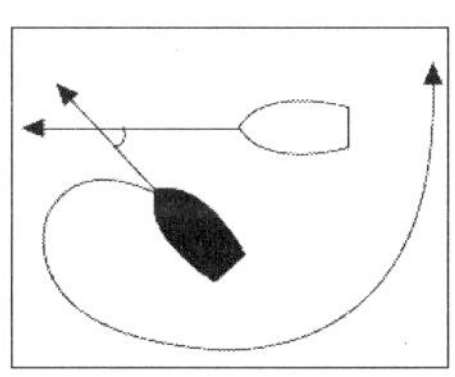

해 광 출 판 사

머 리 말

이 책은 IMO에서 다각도로 검토되고 시행을 거듭한 끝에 1977년에 채택된 '표준해사항해용이집'과 1981년에 채택한 '해상 VHF 사용지침 및 VHF 통화의 실례' 등으로 편집 되었다. 1981년 결의 A.488로 채택한 '표준 조타 및 기관 명령'과 용어해설의 개정사항을 용어편에 수록하였다.

이 용어집과 VHF 사용지침은 항해의 안전과 선박항행관제의 안전성을 높이고 또한 해상·항구 부근·항로내와 항내의 항행 등에서 통신연락에 사용되는 용어를 표준화시킬 목적으로 요약 정리된 것이다.

1978년에 채택된 STCW 협약(선원의 훈련, 자격 증명 및 당직근무의 기준에 관한 국제협약)에서는 항해사와 통신사에게 최저의 필요한 지식의 하나로서 이들 용어를 이해하고 이용할 수 있는 능력을 요구하고 있다.

지금 해상통신에 영어가 필수적으로 사용되고 있으나 정확한 의미와 해석에 불편함을 갖게 되는 경우가 많으므로 기회 있을 때마다 이 표준용어와 통신문을 사용함으로써 해사 관계자의 정보 교환에 이들의 상용어로 보편화되기를 바란다.

편저자

CONTENTS

I. VOCABULARY

차 례

I. 용어 편

제1부 총칙

제2부 용어해설

제3부 용어예문

제1장 항해의 위험, 경보, 지원

CHAPTER 2 - GENERAL

CHAPTER 3 - SPECIAL

CHAPTER 4 - STANDARD WHEEL AND ENGINE ORDERS

II. CONVERSATION

제2장 일반

제3장 특수

제4장 표준 조타 및 기관명령

II. 회화 편

I. 용어 편

[일러두기]

이 책의 본문 중에 사용된 기호는 각각 다음과 같은 것을 나타낸다.

( ) : 괄호는 그 속에 있는 통신문을 적절히 활용하여 사용할 수 있음을 나타낸다.
예) You may enter (at hours).

/ : 사선은 그 앞뒤에 있는 이탤릭체 단어 중 어느 하나를 골라 사용할 수 있음을 나타낸다.
예) I require a *life boat/helicopter/medical assistance/ _ tug.*

… : 점선은 그 부분에 적당한 통신사항을 넣어서 사용함을 나타낸다.
예) Vessel … is at anchor at ….

제 1 부　총 칙 (GENERAL)

[일러두기]

표준해사항해용어는 선박상호간, 선박과 해안국간의 통신연락에 사용되는 언어와 술어를 표준화함으로써 항행 관제에 도움이 되고 항행의 안전을 기할 수 있다고 인식하여 IMO 결의 A. 380(X)로 채택한 것이다. 이 용어집의 사용을 강제화하는 것은 아니나 선박이나 육상의 선원교육훈련기관에서 항시 반복 사용함으로써 사용되는 어구와 용어가 선원 사이에서 일반적으로 널리 사용되고 보편화되어야 한다는 생각에서 편찬한 것이다.

1. Procedure

When it is necessary to indicate that phrases in this Vocabulary are to be used, the following messages may be sent :
"Please use the Standard Marine Navigational Vocabulary."

"I will use the Standard Marine Navigational Vocabulary."

2. Standard Verbs

Where possible, sentences should be introduced by one of the following verb forms :

IMPERATIVE

Always to be used when mandatory orders are being given;

INDICATIVE	*NEGATIVE*	*INTERROGATIVE*[*1]
You must	Do not	Must I?
I require	I do not require	Do I require?
I am	I am not	Am I?
You are	You are not	Are you?
I have	I do not have	Do you have?
I can	I cannot	Can I?
		Can you?
		Is it possible?
I wish to	I do not wish to	Do you wish to?
I will–*future*	I will not–*future*	
You may	You need not	May I?
		–*permission*
Advise[*2]	Advise not[*2]	

1. 절차

이 용어집에 있는 어구를 사용하여 교신한다는 것을 알려 줄 필요가 있는 경우에는 다음의 통신문을 송신한다.

"표준 해사항해용어를 사용하십시오."

"표준 해사항해용어를 사용하겠습니다."

2. 표준 동사

가능한 한 통신문은 다음과 같은 동사형을 사용해서 시작해야 한다.

명령문

강제적인 명령은 언제나 다음과 같이 사용해야 한다.

INDICATIVE (서술문)	*NEGATIVE* (부정문)	*INTERROGATIVE*[주1] (의문문)
You must	Do not	Must I?
I require	I do not require	Do I require?
I am	I am not	Am I?
You are	You are not	Are you?
I have	I do not have	Do you have?
I can	I cannot	Can I?
		Can you?
		Is it possible?
I wish to	I do not wish to	Do you wish to?
I will–미래	I will not–미래	
You may	You need not	May I?
		–(허가)
Advise[주2]	Advise not[주2]	

There is	There is not	Is there?
		What is/are?
		Where is/are?
		When is/are?

Note 1 : The interrogative may be preceded by the use of the word "Question."

Note 2 : "Advise", "Advise not" are to be used when recommendations are being given.

3. Responses

Where the answer to a Question is in the affirmative, say :
"Yes..." –followed by the appropriate phrase in full.

Where the answer to a question is in the negative, say :
"No..." –followed by the appropriate phrase in full.

Where the information is not immediately available but soon will be, say:
"Stand by."

Where the information cannot be obtained, say:
"No information."

Where a message is not properly heard, say :
"Say again."

Where a message is not understood, say :
"Message not understood. "

There is	There is not	Is there?
		What is/are?
		Where is/are?
		When is/are?

(주1) 의문문을 송신 할 예는 먼저 "Question"이라는 말을 사용해도 좋다 .

(주2) "Advise", "Advise not"은 권고 할 때에 사용한다.

3. 응답

질문에 대하여 긍정적인 답을 하는 경우 :

"Yes..." 다음에 적당한 어귀를 생략하지 않고 계속한다.

질문에 대하여 부정적인 답을 하는 경우 :

"No..." 다음에 적당한 어귀를 생략하지 않고 계속한다.

통신을 즉시 보내지 않고 잠시 뒤 보내는 경우:

"Stand by."(기다려 주십시오.)

통신이 들어오지 않는 경우 :

"No information." (수신이 안됨)

통보가 정확히 청취되지 않는 경우 :

"Say again." (다시 송신하여 주시오.)

통보가 이해되지 않는 경우 :

"Message not understood." (통보를 이해하지 못했습니다.)

4. Urgent Messages

MAYDAY(repeated three times)	is to be used to announce a distress messages.
PAN PAN(repeated three times)	is to be used to announce an urgency messages.
SECURITE(repeated three times)	is to be used to announce a safety messages.

5. Miscellaneous Phrases

5. 1 What is your name (and call sign)?

5. 2 How do you read me?

5. 3

I read you	with signal strength···
(bad/1)	(1/barely perceptible)
(poor/2)	(2/weak)
(fair/3)	(3/fairly good)
(good/4)	(4/good)
(excellent/5)	(5/very good)

5. 4 Stand by on channel···

5. 5 Change to channel···

5. 6 I cannot read you.
(Pass your message through vessel···)
(Advise try channel···)

5. 7 I cannot understand you.
Please use the···

4. 긴급 통보

메이데이 (3회 반복)	조난통보를 알리기 위해 사용한다.
팡팡 (3회 반복)	긴급통보를 알리기 위해 사용한다.
시큐어리티 (3회 반복)	안전통보를 알리기 위해 사용한다.

5. 기타 문구

5. 1 선명(과 호출부호)을 알려주시오 .

5. 2 본선(또는 본 무선국)신호의 명료도(또는 강도)는 어떻습니까?

5. 3

귀선(또는 귀 무선국) 신호의 명료도는	신호의 강도는
(아주 안 좋습니다/1)	(1/거의 느끼지 않습니다)
(안 좋습니다/2)	(2/약합니다)
(조금 좋습니다/3)	(3/좀 강합니다)
(좋습니다/4)	(4/강합니다)
(아주 좋습니다/5)	(5/아주 강합니다)

5. 4 채널 …으로 기다려주시오 .

5. 5 채널 …으로 변경하시오.

5. 6 귀선의 신호는 들리지 않습니다.
(귀선의 통보를 선박 …으로 중계해서 송신하시오.)
(채널 …으로 해 보시오.)

5. 7 귀선의 통보를 이해할 수 없습니다.
…을 사용하시오.

(Standard Marine Navigational Vocabulary).
(International Code of Signals).

5. 8 I am passing a message vessel···

5. 9 Correction···

5.10 I am ready to receive your message.

5.11 I am not ready to receive your message.

5.12 I do not have channel··· Please use channel···

6. Repetition

If any parts of the message are considered sufficiently important to need safeguarding, use the word "repeat ."

[Example]
"You will load 163 repeat 163 tons bunkers ."

"Do not repeat not overtake."

7. Position

When latitude and longitude are used, these shall be expressed in degrees and minutes (and decimals of a minute if necessary), North or South of the Equator and East or West of Greenwich.
When the position is related to a mark, the mark, shall be a well-defined charted object. The bearing shall be in the 360 degree notation from True North and shall be that of the position FROM the mark.

(표준해사항해용어)
(국제신호서)

5. 8 본선은 선박 …의 통보를 중계 중입니다 .

5. 9 ... 을 정정하여 주시오.

5.10 본선은 귀선의 통보를 수신할 준비가 되어 있습니다.

5.11 본선은 귀선의 통보를 수신할 준비가 되어 있지 않습니다.

5.12 본선의 채널 …이 없습니다. 채널 …을 사용하시오.

6. 반복

통보의 어느 부문이 특히 중요하여 오해를 방지할 필요가 있는 경우에는 "repeat" 라는 말을 사용해서 그 부분을 반복한다.

예)
"귀선은 벙커 163, 반복 〈163〉 톤을 적재할 예정이다."

"절대로, 〈절대로〉 추월하지 마라"

7. 위치

위치를 표시하는데 위도, 경도를 사용할 때에는, 도와 분(필요하면 분의 소수) 및 적도에서의 북위, 남위와 그리니치에서의 동경, 서경으로 나타내야 한다.

위치를 표지와 관련해서 나타낼 경우에는 그 표지는 해도 상 확실히 알 수 있는 것이어야 한다. 이 경우 방위는 진북으로부터 360도 표기 방법으로 표시하고, 표지에서 본 위치를 방위로 한나.

[Examples]

"There are salvage operations in position 15 degrees 34 minutes North. 61 degrees 29 minutes West. "

"Your position is 137 degrees two point four miles FROM Barr Head lighthouse."

8. Courses

Always to be expressed in 360 degree notation from North (True North unless otherwise stated). Whether this is TO or FROM a mark can be stated.

9. Bearings

The bearing of the mark of vessel concerned, is the bearing in the 360 degree notation from North (True North unless otherwise stated), except in the case of relative bearings. Bearings may be either FROM the mark or FROM the vessel.

[Examples]

"The Pilot boat is bearing 215° FROM you."

"Your bearing is 127° FROM the signal station."

Note : Vessels reporting their position should always quote their bearing FROM the mark, as described in paragraph 7.

Relative Bearings

Relative bearings can be expressed in degrees relative to the vessel' s head or bow. More frequently this is in relation to the port or starboard bow.

[Examples]

"The buoy is 030° on your port bow."

Relative D/F bearings are more commonly expressed in the 360 degree notation.

예)

"북위 15도 34분, 서경 61도 29분 위치에서 해난구조작업이 실시되고 있다."

"귀선의 위치는 발 헤드 등대에서 137도 2.4마일의 지점이다."

8. 침로

항상 북(특별한 단서가 없는 한 진북)을 기점으로 360도 표기 방법으로 나타내어야 한다. 침로는 어떤 점을 향하여 또는 어떤 점에서 둘 중 그 어느 것으로 표시할 수 있다.

9. 방위

해당 표지 또는 선박의 방위는 상대방위의 경우를 제외하고는 북(특이 단서가 없는 한 진북)을 기점으로 360도 표기방법으로 표시한 방위로 한다. 방위는 표지에서 또는 선박에서 등의 어느 것으로 표시하여도 된다.

예)

"도선선은 귀선에서 방위 215도인 곳에 있다."

"귀선의 방위는 신호소에서 127도이다."

(주) 선박이 자선의 위치를 알릴 때에는 7항에서 기술한 바와 같이 항상 표지 (물표)에서의 자선 방위로 표시해야한다.

상대방위

상대방위는 선수를 중심으로 도수로 나타낼 수 있다. 일반적으로 선수 좌현 또는 선수 우현 몇 도라는 표현이 자주 사용된다.

예)

"부표는 귀선의 선수 좌현 030도에 있다."

방향 탐지의 상대 방위는 보통 360도 표기방법으로 표시한다.

10. Distances

Preferably to be expressed in nautical miles or cables (tenths of a mile) otherwise in kilometers or meters, the unit always to be stated.

11. Speed

To be expressed in knots :

(a) without further notation meaning speed through the water ; or

(b) "ground speed" meaning speed over the ground.

12. Numbers

Numbers are to be spoken :

"One – Five – Zero" for 150.

"Two point five" for 2.5.

13. Geographical Names

Place names used should be those on the chart or Sailing Directions in use. Should these not be understood, latitude and longitude should be given.

14. Time

Times should be expressed in the 24 hour notation indicating whether GMT, zone time or local shore time is being used.

Note : In cases not covered by the above phraseology normal radiotelephone practice will prevail.

10. 거리

가능한 한 거리는 해리 또는 케이블(1/10마일)로 표시하는 것이 바람직하다. 그렇지 않은 경우에는 킬로미터나 미터를 사용하고 반드시 단위를 표시해야 한다.

11. 속력

노트로 표시한다.

(a) 특별한 표시방법이 없으면 대수속력을 의미한다.

(b) "ground speed" 는 대지속력을 의미 한다 .

12. 숫자

숫자는 한 자씩 말한다.

예컨대, 150은 One – Five – Zero .

2.5는 Two point Five.

13. 지명

사용되는 지명은 해도나 수로지에 사용되고 있는 것이어야 한다. 이들 지명을 모르는 경우에는 위도와 경도로 표시해야 한다.

14. 시간

시간은 세계표준시, 대시(帶時) 또는 지방표준시 중 어느 것을 사용했는지를 표시하는 24시간 표기방법으로 나타내야한다.

(주) 상기표현에 포함되지 않는 경우에는 통상의 무선 전화의 관례에 의한다.

(역주) 세계표준시는 GMT나 UTC(Universal Time Coordinated : 세계협정시)의 시각을 뜻한다.

제 2 부 용어해설 (GLOSSARY)

[일러두기]

IMO 총회 결의(A.488XII)로 채택된 개정사항을 '일반용어'와 '항로지정에 사용되는 용어'로 분류하였고, '항로지정의 방법'은 그림만 수록하였다.

최근 해상통신에서 영어가 더욱 많이 사용되고 있으나 용어의 정확한 의미나 해석이 분명치 않아 정보 교환에 혼동을 초래 하는 경우도 있어 IMO에서는 다른 유사한 용어에 우선하여 표준용어를 가능한 한 많이 사용하도록 권고하고 있다.

1. General Terms

Anchor Position

Place where a specific vessel is anchored or is to anchor.

Calling-In-Point (C. I. P)

(see Way Point)

"Correction"

An error has been made in this transmission, the corrected version is…

Dragging (of Anchor)

anchor moving over the sea bottom involuntarily because it is no longer preventing the movement of the vessel.

Dredging Anchor

moving, under control, with anchor moving along the sea bottom.

Draught

Depth from waterline to vessel's bottom, maximum/deepest unless otherwise specified.

Established

Brought into service, placed in position.

ETA

Estimated Time of Arrival.

ETD

Estimated Time of Departure.

1. 일반용어

묘박위치
어떤 특정 선박이 묘박하거나 묘박할 장소.

콜링 인 포인트(시 아이 피)
(Way Point를 보라)
"정정"
'이 송신에 틀린 곳이 있음. 바른 내용은 …이다' 의 뜻.

주묘
파주력을 상실해서 선체 이동을 더 이상 저지하지 못하고 부득이 해저를 따라 끌리고 있는 닻.

인묘 (드레징 앵커)
닻이 해저를 따라서 움직이고 있는 조선중인 선박.

흘수
수선에서 선저까지의 깊이로, 특히 지정된 경우를 제외하고는 최대 즉, 가장 깊은 흘수를 말함.

설정된
업무 중인, 배치된, 제정된

ETA
도착예정시각

ETD
출발예정시각

Fairway

Navigable part of waterway.

Fairway Speed

Mandatory speed in a fairway.

Foul (Anchor)

Anchor has its own cable twisted around it or has fouled an obstruction

Foul (Propeller)

A line, wire, net, etc. is wound round the propeller.

Hampered Vessel

A vessel restricted in her ability to manoeuvre by the nature of her work.

Height

Height of highest point of vessel's structure above waterline, e.g. radar, funnel, cranes, masthead.

Icing

Formation of ice on vessels.

Inoperative

Not functioning.

Mark

General term for a navigational mark, e.g .buoy, structure or topographical feature which may be used to fix a vessel's position.

항로

수로에서의 항행이 가능한 부분. 가항항로.

항로 내 속력

항로 내에서의 제한된 속력.

엉키다(닻)

닻이 그 닻줄에 감기거나 장애물에 얽혀 있다.

엉키다(추진기. 프로펠러)

닻줄, 와이어, 그물 등이 추진기 주위에 감기다.

조종성능 제한선

종사하고 있는 작업의 성질상 조정성능이 제한되어 있는 선박.

높이

수선 위에서 선체구조물의 가장 높은 점까지의 높이, 예를 들어, 레이더, 굴뚝, 크레인, 마스트헤드까지의 높이 .

착빙

선체에 얼음이 형성되는 것, 결빙.

작동하지 않는 상태

기능을 발휘하고 있지 않는 상태

표지

항로표지의 총칭, 예컨대, 부표, 선위를 정하는데 사용되는 구조물이나 지세상의 특정물

Off–shore Installation

Any off–shore structure (e.g. a drilling rig, production platform, etc.) which may present a hazard to navigation.

Receiving Point

A mark or place at which a vessel comes under obligatory entry, transit, or escort procedure. (such as for port entry, canal transit or ice breaker escort).

Reporting Point

(see Way point).

Traffic

Movement of shipping.

Vessel Crossing

A vessel proceeding across a fairway/traffic lane/route .

Vessel Inward

A vessel which is proceeding from sea to harbour or dock.

Vessel Leaving

A vessel which is in the process of leaving a berth or anchorage. (When she has entered the navigable fairway she will be referred to as an outward, inward, crossing or turning vessel.)

Vessel Outward

A vessel which is proceeding from harbour or anchorage to seawards.

Vessel Turning

A vessel making LARGE alteration in course; such as to stem the tide when anchoring or to enter, or proceed after leaving a berth or dock.

해상구축물

항해에 장해를 줄 수 있는 연안 앞바다의 구축물. (예컨대, 시추선, 해저유전의 채유 플랫폼 등).

지시수령지점 (리시빙 포인트)

(예컨대, 입항, 운하 통과 또는 쇄빙선의 선도 등의 경우) 선박의 진입, 통과, 호송절차 등에 대해서 법규상 제약을 받게 되는 장소 또는 그 지점의 표지.

보고지점 (리포팅 포인트, Way Point 참조)

선박의 위치를 확인하기 위해서 통보의무가 있는 지점 또는 그 표지.

통항

선박의 움직임 (선박의 교통).

횡단선

항로, 통항로 또는 지정항로를 횡단하여 항진하는 선박

입항선

해양에서 항만이나 도크를 향해 항진하고 있는 선박

출항준비선

정박지나 묘지를 떠나려 하고 있는 선박. (이 배가 항로에 들어간 경우에는 출항선, 입항선, 횡단선, 선회선으로 간주된다.)

출항선

항만이나 묘박지에서 해양 쪽으로 향하여 항진중인 선박.

선회선

묘박을 위해 조류를 거슬러 올라가거나 진입하기 위해서 또는 정박지나 도크를 떠난 후 항진하기 위해서 크게 변침중인 선박.

Way Point

A mark or place at which a vessel is required to report to establish its position. (Also known as Reporting Point or Calling-in-Point.)

2. Terms Used in Ships' Routeing

(1) Routeing system

Any system of one or more routes and/or routeing measures aimed at reducing the risk of casualties, it includes traffic separation schemes, two-way routes, recommended tracks, areas to be avoided, inshore traffic zones, roundabouts, precautionary areas and deep water routes.

(2) Traffic separation scheme

A routeing measure aimed at the separation of opposing streams of traffic by appropriate means and by the establishment of traffic lanes.

(3) Separation zone or line

A zone or line separating the traffic lanes in which ships are proceeding in opposite or nearly opposite directions, or separating a traffic lane from the adjacent inshore traffic zone.

(4) Traffic lane

An area within defined limits in which one way traffic is established. Natural obstacles, including those forming separation zones, may constitute a boundary.

(5) Roundabout

A routeing measure comprising a separation point or circular separation zone and a circular traffic lane within defined limits. Traffic within the roundabout is separated by moving in a counterclockwise direction around the separation point or zone.

통과지점

선박의 위치를 확인하기 위해서 통보의무가 있는 지점 또는 그 표지. (리포팅 포인트 또는 콜링 인 포인트라고도 함.) 보고지점.

2. 항로지정에 사용되는 용어

(1) 항로지정방식

해난사고위험을 감소시킬 목적인 하나 또는 둘 이상의 항로 및(또는) 항로지정의 한 방식 : 여기에는 통항분리방식, 대면항로, 추천향로, 피항해역, 연안통항대, 원형교차점, 경계수역 및 심수심항로가 포함된다.

(2) 통항분리방식

통항로의 설정 및 적절한 방법에 의하여 정면으로 마주치는 통항을 분리할 목적인 항로지정방법, 통항분리대, 교통분리대.

(3) 분리대 또는 분리선

선박이 정면 또는 거의 정면으로 항진하는 통항로를 분리하거나 혹은 인접한 연안 통항대에서 통항로를 분리하는 대역, 또는 선.

(4) 통항로

일방통항이 설정되어 있는 한정된 범위 내의 수역, 분리대의 형태를 이루고 있는 것을 포함한 자연적인 장애물은 경계를 형성한다. 교통로.

(5) 원형교차점

한정된 범위 내의 분리점 또는 원형분리대 및 원형통항로를 포함하는 항로지정방법. 원형교차점에의 통항은 분리점 또는 분리대의 주위를 반시계방향으로 움직임으로써 분리된다.

(6) Inshore traffic zone

A routeing measure comprising a designated area between the landward boundary of a traffic separation scheme and the adjacent coast, intended for local traffic.

(7) Two-way route

A route within defined limits inside which two-way traffic is established, aimed at providing safe passage of ships through waters where navigation is difficult or dangerous.

(8) Recommended track

A route which has been specially examined to ensure so far as possible that it is free of dangers and along which ships are advised to navigate.

(9) Deep water route

A route within defined limits which has been accurately surveyed for clearance of sea bottom and submerged obstacles as indicated on the Chart.

(10) Precautionary area

A routeing measure comprising an area within defined limits where ships must navigate with particular caution and within which the direction of traffic flow may be recommended.

(11) Area to be avoided

A routeing measure comprising an area within defined limits in which either navigation is particularly hazardous or it is exceptionally important to avoid casualties and which should be avoided by all ships, or certain classes of ship.

(12) Established direction of traffic flow

A traffic flow pattern indicating the directional movement of traffic as established within a traffic separation scheme.

(6) 연안통항대

통항분리대의 육지 측 경계와 인접 해안 사이에 연안(지역) 통항용으로 계획된 지정수역을 포함하는 항로지정방법.

(7) 대면항로 (상호통항로, 교행항로)

항행이 어렵거나 위험한 수역을 통하여 선박의 안전한 통과를 마련할 목적으로 서로 다른 방향으로의 통항이 설정된 한정된 범위 내의 항로 .

(8) 추천항로

가능한 한 위험을 피할 수 있고 선박의 항행이 추천되도록 특별히 조사된 항로.

(9) 심수심항로

해저 및 해도에 표시된 수중장애물의 여유(수심)에 대하여 정확히 측량된 한정범위 내의 항로.

(10) 경계수역

선박이 특별한 주의로 항행해야 되고 교통흐름의 방향이 권고된 한정된 범위 내의 수역을 포함하는 항로지정방법.

(11) 피항수역

항행이 특별히 위험하거나 사고를 피하기 위해 매우 중요하고 모든 선박이나 특정선박 부류에 의해 피해야 될 제한된 범위 내의 수역을 포함하는 항로지정방법 .

(12) 교통흐름의 설정방향

교통통항분리대 내에 설정된 통항의 방향을 지시하는 흐름의 패턴.

(13) Recommended direction of traffic flow

A traffic flow pattern indicating a recommended directional movement of traffic in a routeing system within which it is impractical or unnecessary to adopt an established direction of traffic flow.

(13) **교통흐름의 권고방향**

교통흐름의 설정방향을 채택하기에 비실용적이거나 불필요한 수역 내에 항로지정방식에서 권고된 방향을 표시하는 교통흐름의 패턴.

3. Methods of Ships' Routeing

항로지정의 방법

IMO Traffic Lane(통항로)에 관해서는 IMO의 간행물인 ship's Routeing(항로지정)에 상세히 규정되어있다. 이 간행물 중에서 통항분리 방법 몇 가지를 발췌한 그림을 게재하였다.

이 그림에 표시된 숫자는 다음의 뜻을 나타낸다.

1. Separation line (분리선)
2. Separation zone (분리대)
3. Outside limits (외측 경계)
4. Arrows indicate direction of traffic flow (화살표는 교통 흐름의 방향을 나타냄)
5. Inshore traffic zone (연안 항로대)
6. Circular separation zone (원형 분리대)
7. Precautionary area (경계수역)

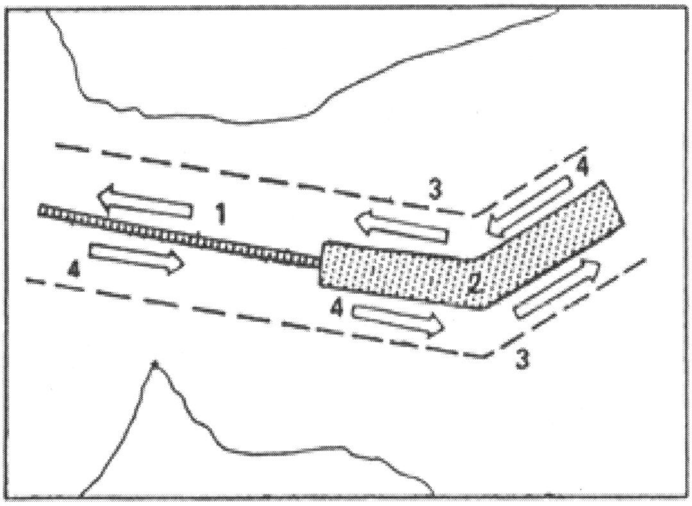

Fig. 1 Traffic separation by separation zone and line

그림 1. 분리대 및 분리선에 의한 통항 분리

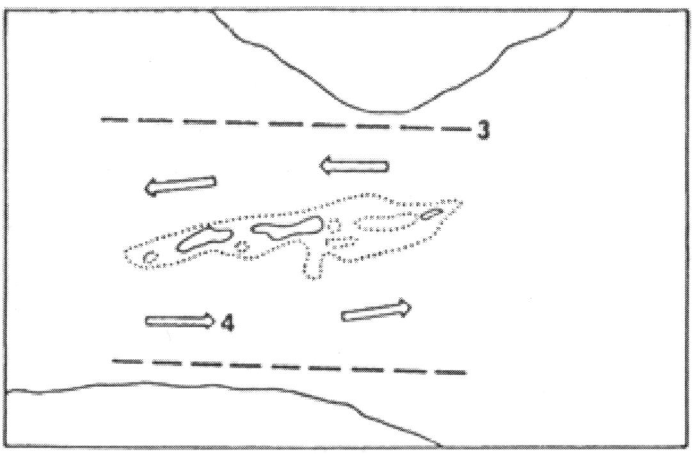

Fig. 2 Separation of traffic by natural obstructions and geographically defined objects

그림 2. 자연장애물 및 지리적 경계물에 의한 통항 분리

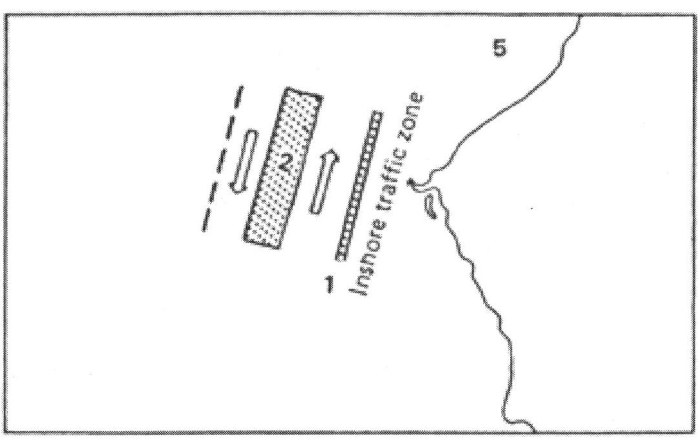

Fig. 3 Inshore traffic zone for local traffic

그림 3. 연안(지역) 통항을 위한 연안 항로대

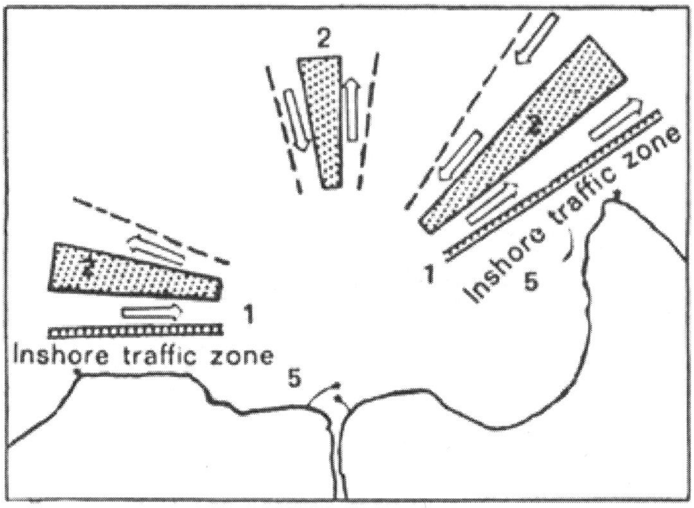

Fig. 4 Sectorial division of adjacent traffic separation schemes at approaches 10 focal points

그림 4. 집중점 부근에서의 부채꼴 인접통항분리방식

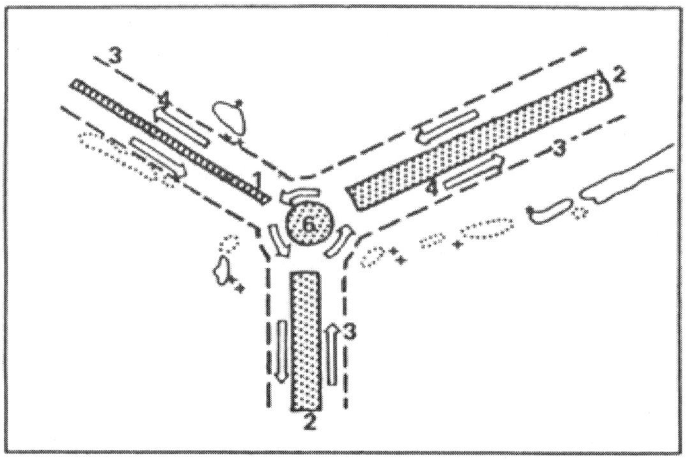

Fig. 5 Separation of traffic at a roundabout

그림 5. 원형교차점에서의 통항 분리

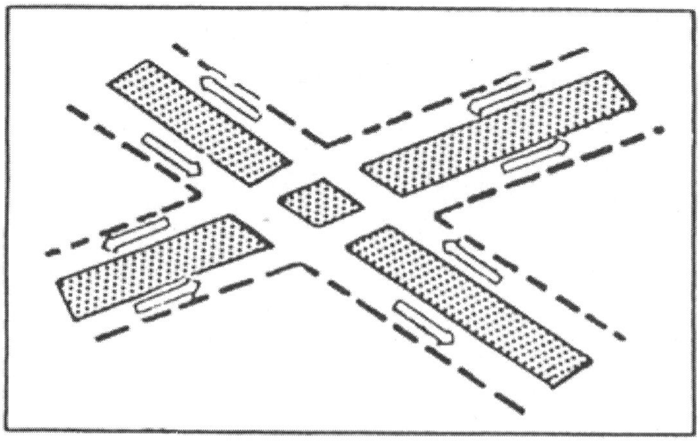

Fig. 6 Separation of traffic at a crossing

그림 6. 횡단수역에서의 통항 분리

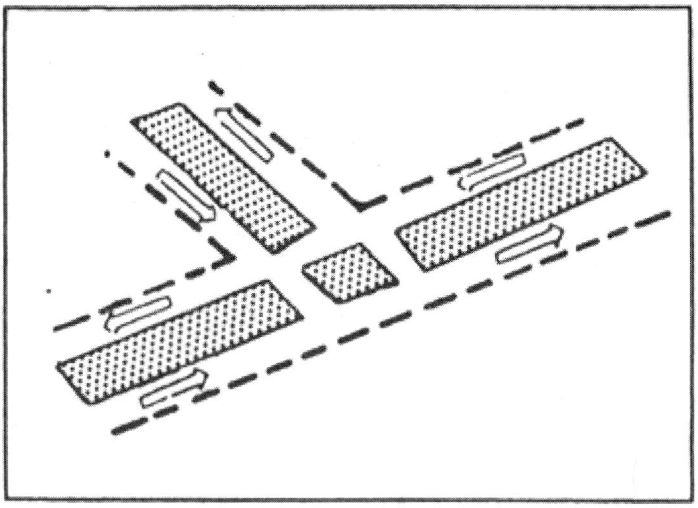

Fig. 7 Separation of traffic at a junction

그림 7. 교차점에서의 통항 분리

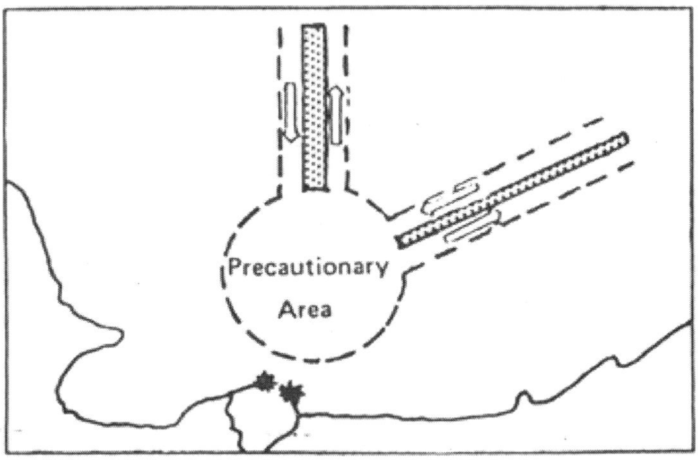

Fig. 8 Precautionary area at a focal point

그림 8. 집중점에서의 경계수역

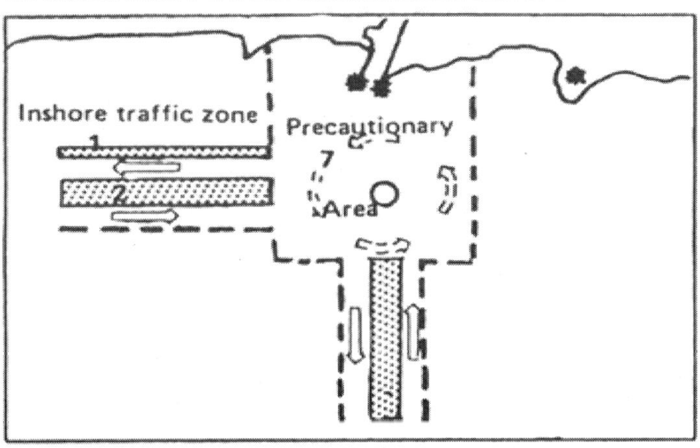

Fig. 9 Precautionary area with recommended direction of traffic flow around a focal point

그림 9. 집중점 주위의 교통 흐름의 권고 방향과 경계수역

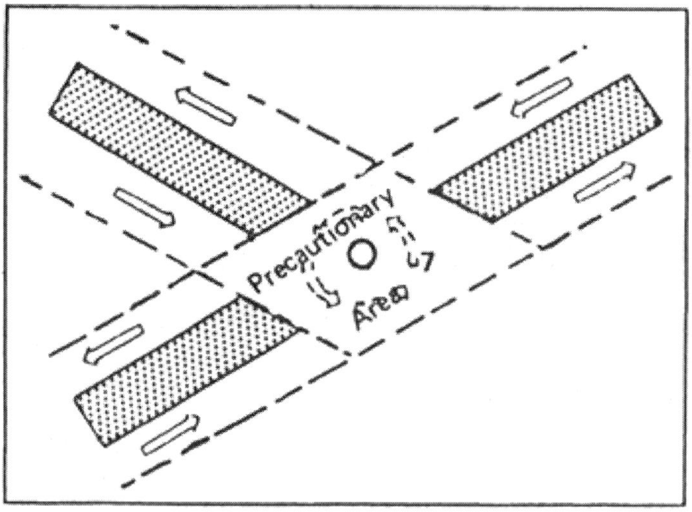

Fig. 10 Precautionary area at a route junction

그림 10. 항로 교차점에서의 경계수역

4. Terms of Hull Parts (선체 명칭)

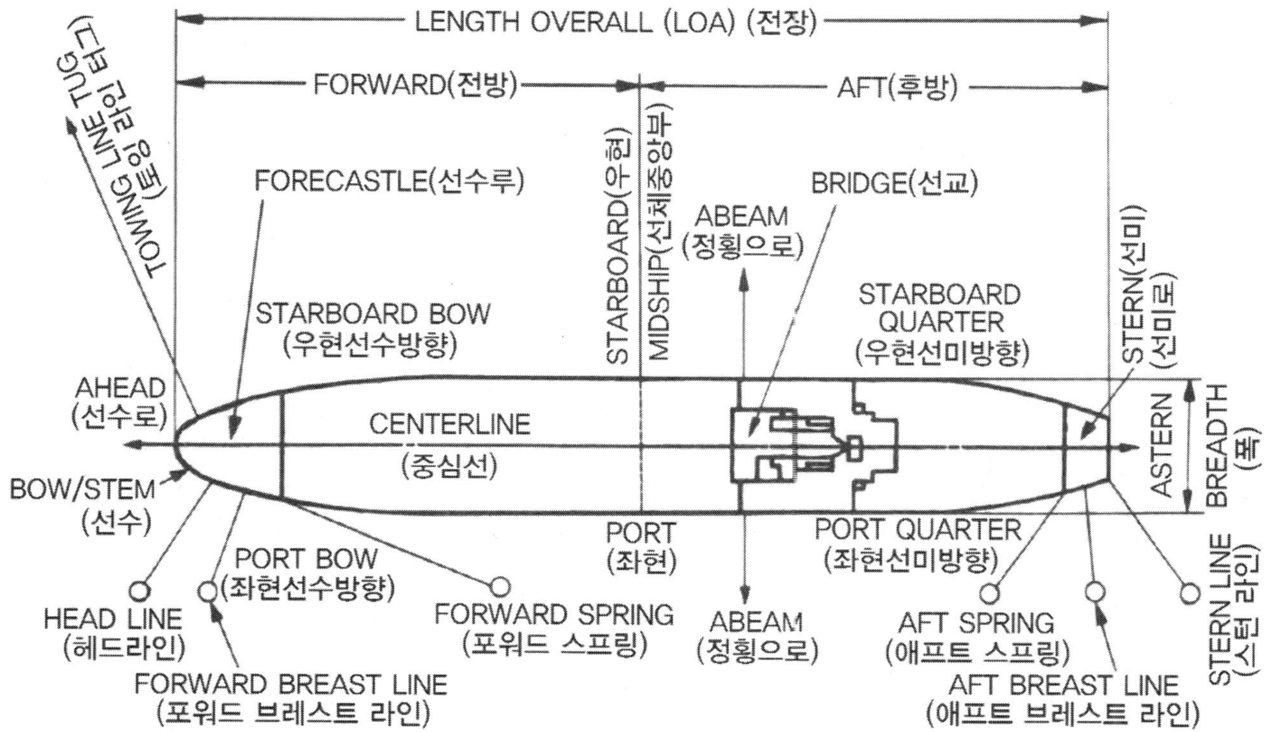

그림 11

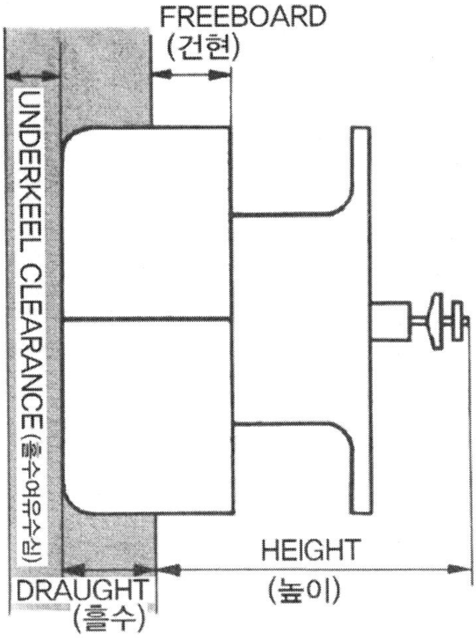
FREEBOARD
(건현)
UNDERKEEL CLEARANCE (흘수여유수심)
HEIGHT
(높이)
DRAUGHT
(흘수)

그림 12

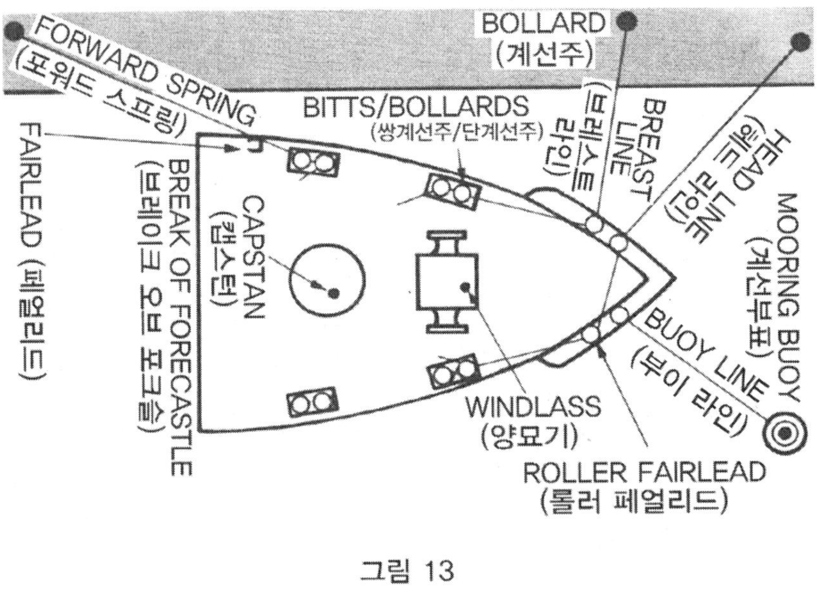
FORWARD SPRING
(포워드 스프링)
BOLLARD
(계선주)
BITTS/BOLLARDS
(쌍계선주/단계선주)
BREAST LINE
(브레스트 라인)
HEAD LINE
(헤드 라인)
MOORING BUOY
(계선부표)
FAIRLEAD (페얼리드)
BREAK OF FORECASTLE
(브레이크 오브 포크슬)
CAPSTAN
(캡스턴)
BUOY LINE
(부이 라인)
WINDLASS
(양묘기)
ROLLER FAIRLEAD
(롤러 페얼리드)

그림 13

제 3 부 용어예문 (PHRASE VOCABULARY)

[일러두기]
용어예문은 선박의 항해와 항행관계의 안전성을 높이고 해상이나 항구의 부근, 항로와 항내에서 항행상의 통신연락에 사용되는 언어를 표준화 할 목적으로 편찬된 것이다.

※표 부분의 예문은 아직까지 VHF통신에 자주 사용되는 것이어서 참고로 수록한 것임을 밝혀둔다.
예) * Going to Anchor (이 항목의 예문 전부 포함됨)
* Additional Phrases (추가된 예문으로 전부 포함됨)
* 6.14 Is she even keel? (이 예문만 해당됨)

CHAPTER 1 – DANGERS TO NAVIGATION, WARNINGS, ASSISTANCE

1. Warnings

1. 1 You are running into danger.
(Shallow water ahead of you)
(Submerged wreck ahead of you)
(Risk of collision imminent)
(Fog bank ahead of you)
(Bridge will not open)
(··························)

1. 2 Dangerous obstruction/wreck reported at·····

1. 3 Unknown object (s) in position ·····

1. 4 Floating ice in position ·····
(Considered hazardous to navigation).

1. 5 Mine(s) reported in position ·····

1. 6 Navigation is closed (prohibited) in area ·····

1. 7 There has been a collision in position ·····
(Keep clear)
(stand by to give assistance)

제 1 장 항해의 위험, 경보, 지원

1. 경보

1. 1 귀선은 위험한 곳으로 향하고 있다.
(귀선 전방에 천해역)
(귀선 전방에 전몰침선)
(급박한 충돌의 위험)
(귀선 전방에 짙은 안개)
(다리가 열리지 않는다)
(··························)

1. 2 ····· 에 위험 장애물/침선이 있다는 통보가 있었다.

1. 3 ····· 의 위치에 정체불명의 물체가 있다.

1. 4 ····· 의 위치에 부빙이 있다.
(항해에 상당한 장해가 있다)

1. 5 ····· 의 위치에 기뢰가 있다.

1. 6 ····· 수역에서 항행이 폐쇄(금지)되어 있다.

1. 7 ····· 의 지점에서 충돌사고가 발생했다.
(피하라, 접근하지 말라)
(구조하기 위해 대기하라)

1. 8 It is dangerous to ·····

(stop)

(remain in present position)

(alter course to starboard)

(alter course to port)

(approach close to my vessel)

1. 9 Vessel ····· is aground in position ·····

1.10 Vessel ····· is on fire in position ·····

1.11 Large vessel leaving. Keep clear of approach channel .

1.12 Go to Emergency Anchorage.

1.13 Your navigation lights are not visible.

1.14 You are going to running aground.

1.15 Keep clear ·····

(I am jettisoning dangerous cargo)

(vessel is leaking inflammable cargo in position·····)

(vessel is leaking noxious cargo in position·····)

(vessel is leaking poisonous cargo in position·····)

(you are crossing my nets)

(I have a long tow)

(you are heading towards my tow)

(you are heading towards a towing line)

(··)

1. 8 ····· (하는) 것은 위험하다.
(정지하다)
(현 위치에 머무르다)
(우현으로 변침하다)
(좌현으로 변침하다)
(본선으로 접근하다)

1. 9 ····· 의 위치에서 ····· 이 좌초되어 있다.

1.10 ····· 의 위치에서 ····· 에 화재가 발생하다.

1.11 대형 출항선이 있다. 수로 입구로 접근하지 말라.

1.12 긴급묘박지로 향하라.

1.13 귀선의 항해등이 보이지 않는다.

1.14 귀선은 좌초되려 하고 있다.

1.15 접근하지 말라.
(본선은 위험화물을 하역중이다)
(·····의 위치에서 선박은 가연성화물이 누출되고 있다)
(·····의 위치에서 선박은 유해화물이 누출되고 있다)
(·····의 위치에서 선박은 유독화물이 누출되고 있다)
(귀선은 본선의 어망을 횡단하고 있다)
(본선은 길고 큰 물건을 예항중이다)
(귀선은 본선의 예항물을 향해 진행하고 있다)
(귀선은 본선의 예항색을 향해 진행하고 있다)
(···).

2. Assistance

2. 1 I need help ·····

(I am sinking)

(I am on fire)

(I have been in collision)

(I am aground)

(···················)

2. 2 I am on fire and have dangerous cargo onboard.

2. 3 I am on fire ·····

(in the engine room)

(in the hold)

(in the cargo tanks)

(in the accommodation)

(in the living spaces)

2. 4 I have lost a man overboard (at ···). Please help with search and rescue.

2. 5 What is your position?

What is the position of the vessel in distress?

2. 6 What assistance is required?

2. 7 I require·····

(a lifeboat)

(a helicopter)

(medical assistance*)

(fire–fighting assistance)

2. 지원

2. 1 본선은 구조가 필요하다.

(본선은 침몰하고 있다)

(본선에 화재가 발생했다)

(본선은 충돌사고를 일으켰다)

(본선은 좌초했다)

(……………………).

2. 2 본선은 화재가 발생했다. 위험물을 적재하고 있다.

2. 3 본선의 …(에) 화재가 발생했다 .

(기관실에)

(선창에)

(화물 탱크에)

(거주설비에)

(거주구역에)

2. 4 본선은 (…에서) 물에 빠진 사람을 놓쳤다. 수색과 구조를 바란다.

2. 5 귀선의 위치를 알려라.

조난선박의 위치는 어디인가?

2. 6 어떤 지원이 필요한가?

2. 7 본선은 …을 요청한다.

(구명정)

(헬리콥터)

(의료지원*)

(소방지원)

(a tug)

(tugs)

(···············)

* Further messages should be made using the Medical Section of the International Code of Signals.

2. 8 I am coming to your assistance.

2. 9 I expect to reach you at ····· hrs.

2.10 Please send a ·····

(boat)

(raft)

2.11 I am sending a boat to you.

I am sending a raft to you.

2.12 Make a lee for ·····

(my vessel)

(the boat)

(the raft)

2.13 I will make a lee for ·····

(your vessel)

(the boat)

(the raft)

2.14 I cannot send a ·····

(boat)

(raft)

(예인선 1척)
(예인선 여러척)
(……………)

* 추가의 통신은 국제신호서의 의료부문을 사용해야 한다.

2. 8 본선은 귀선을 지원하기 위해 가고 있다.

2. 9 본선은 …시에 귀선에 도착할 예정이다.

2.10 …… 을 보내 주기를 바란다.
(보트)
(구명벌)

2.11 본선은 귀선에게 보트를 보내고 있다.
본선은 귀선에게 구명벌을 보내고 있다.

2.12 …의 풍상 쪽으로 돌려라.
(본선)
(보트)
(구명벌)

2.13 본선은 …의 풍상 쪽으로 돌겠다.
(귀선)
(보트)
(구명벌)

2.14 본선은 …을 보낼 수 없다.
(보트)
(구명벌)

2.15 I will attempt rescue by Breeches – buoy

2.16 Is it safe to fire a rocket ?

2.17 It is safe to fire a rocket.
It is not safe to fire a rocket.

2.18 Please take command of search and rescue.

2.19 I am in command of search and rescue.
Vessel ····· is in command of search and rescue.

2.20 Assistance is not required. You may proceed.
Assistance is no longer required. You may proceed.

2.21 You must keep radio silence in this area unless you have messages about, the casualty.

Note : Further message should be made using the International Code of Signals *and/or* the Merchant Ship Search and Rescue Manual (MERSAR).

CHAPTER 2 – GENERAL

3. Anchoring

<u>General</u>

3. 1 I am at anchor (at ···).

3. 2 I am heaving up anchor.

3. 3 My anchor is clear of the bottom.

2.15 부리치스 부이(*바지형 구명부기)로 구조를 시도하겠다.

2.16 로켓을 발사해도 안전한가?

2.17 로켓을 발사해도 안전하다.
로켓 발사는 안전하지 못하다.

2.18 수색과 구조를 지휘하기 바란다.

2.19 본선은 수색과 구조를 지휘하고 있다.
…은 수색과 구조를 지휘하고 있다.

2.20 지원은 필요하지 않다. 귀선은 항진해도 좋다.
지원은 더 이상 필요하지 않다. 귀선은 항진해도 좋다.

2.21 사고에 관한 통보 이외는 이 해역에서 무선통신을 중지하라. (무선침묵을 유지하라)

(주) 추가의 통보는 국제신호서 또는 상선수색구조편람의 용어를 사용해야 한다.

제 2 장 일반

3. 묘박

일반

3. 1 본선은 (…에) 묘박하고 있다.

3. 2 본선은 양묘하고 있다.

3. 3 본선의 닻은 해지에서 완전히 빠져 나왔다.

3. 4 You may anchor…

(at … hours)

(in … position)

(until pilot arrives)

(until tug arrives)

(until there is sufficient depth of water)

3. 5 Do not anchor (in position…).

3. 6 Anchoring is prohibited.

3. 7 I will anchor (at …).

3. 8 Vessel … is at anchor (at …).

3. 9 Are you dragging anchor ?

Are you dredging anchor ?

3.10 *My/Your* anchor is dragging.

3.11 Do not dredge anchor.

3.12 You must heave up anchor.

3.13 You must shorten your cable to … shackles.

3.14 My anchor is foul.

3.15 You are obstructing …

(the fairway)

(other traffic)

3. 4 귀선은 (…) 투묘 할 수 있다.
(…시에)
(…의 위치에)
(도선사가 도착할 때까지)
(예인선이 도착할 때까지)
(수심이 충분할 때까지)

3. 5 (…의 위치에) 투묘하지 말라.

3. 6 투묘가 금지되고 있다.

3. 7 본선은 (…에) 투묘하겠다.

3. 8 …은 (…에) 정박(묘박)해 있다.

3. 9 귀선은 주묘하고 있는가?
귀선은 닻을 끌고(인묘하고) 있는가?

3.10 본선/귀선은 주묘하고 있다.

3.11 귀선은 닻을 끌지 말라.

3.12 귀선은 양묘해야 한다.

3.13 귀선은 닻줄을 … 절까지 감아 줄이시오.

3.14 본선의 닻은 엉켜 있다.

3.15 귀선은 …의 장해가 되고 있다.
(항로)
(타선의 통항)

3.16 You must anchor in a different position …

3.17 You must anchor clear of the fairway.

3.18 What is the anchor position for me ?

3.19 You are at anchor in the wrong position.

3.20 I have slipped my anchor(and cable) (and buoyed it) in position …
I have lost my anchor (and cable) (and buoyed it) in position …

※ Going to Anchor

3.21 We are going to an anchorage.

3.22 Have the *starboard/port/ both* anchor(s) ready.

3.23 We will *use/drop* the *port/starboard/both* anchor(s).

3.24 Put *one/two/three* … shackles in *the water/pipe/on deck*.

3.25 Walk back the *port/starboard/both* anchor(s) *one/one and a half* shackle(s).

3.26 We will let go the *port/starboard/both* anchor(s) … shackle(s) and dredge it(them).

3.27 *Is/Are* the anchor(s) ready for dropping?

3.28 Anchor(s) *is/are* ready for dropping.

3.29 Drop *port/starboard/both* anchor(s).

3.16 귀선은 다른 위치 …에 투묘하라.

3.17 귀선은 항로를 피하여 투묘하라.

3.18 본선의 투묘지점은 어디인가 ?

3.19 귀선은 잘못된 위치에 묘박하고 있다.

3.20 본선은 (부표를 달고) … 위치에서 (닻줄과 함께) 닻을 분리함.
본선은 (부표를 달고) (닻줄이 달린) 닻을 …위치에서 분실했다.

※ 투묘

3.21 본선은 묘박지로 가는 중이다.

3.22 우현/좌현/양현 앵커를 준비하라.

3.23 본선은 좌현/우현/양현 앵커를 사용/투묘하겠다.

3.24 1/2/3 … 절(새클)을 수면/파이프/갑판 상에 놓아라.

3.25 좌현/우현/양현 앵커를 1/1.5 새클을 역전하라.

3.26 본선은 좌현/우현/양현을 …새클 내리고 인묘하겠다.

3.27 투묘준비가 되어 있는가?

3.28 투묘준비가 되어 있다.

3.29 좌현/우현/양현 앵커로 투묘하라.

3.30 Pay out the cable(s).

3.31 Check the cable(s).

3.32 Hold on the *port/starboard/both* cable(s)?

3.33 Where is the cable leading?

3.34 *Is the anchor/are the anchors* holding?

3.35 Has she brought up?

3.36 She has brought up in position.

3.37 Switch on the anchor lights.

3.38 Hoist the anchor ball.

3.39 Check the anchor position by bearings.

※ Leaving the anchorage

3.40 Stand by to heave up.

3.41 Put the windlass in gear.

3.42 Where is the cable leading?

3.43 Is there much weight on the cable?

3.44 Heave in the *port/starboard/both* cable(s).

3.30 케이블을 풀어내어 주라.

3.31 케이블을 조사하라.

3.32 좌현/우현/양현 앵커(케이블)를 고정시켜라.

3.33 케이블은 어디로 향하고 있는가?

3.34 앵커는 파주력을 갖고 있는가?

3.35 배는 정박했는가?

3.36 배는 …위치에 정박했는가?

3.37 앵커 라이트(정박등)를 켜라.

3.38 앵커 볼(흑구)을 감아올려라.

3.39 방위로 앵커 위치를 조사하라.

※ 이묘

3.40 앵커를 감을 준비를 하라.

3.41 윈들러스를 작동 시켜라.

3.42 케이블은 어디로 향하고 있는가?

3.43 케이블에 강한 장력이 걸리는가?

3.44 좌현/우현/양현 앵커(케이블)를 감아 들여라.

3.45 The cable(s) *is/are* leading *ahead/astern/to port/to starboard/round the bow /up and down.*

3.46 There is *a lot of/too much* weight/there is no weight on the cable.

3.47 Stop heaving.

3.48 The cable(s) *is/are* up and down.

3.49 How many shackles are left (to come in)?

3.50 There *is/are* a *turn/turns* in the cable(s).

3.51 The *anchor* is/ *cables* are clear.

3.52 Anchor(s) is/are clear of the water.

3.53 Anchor(s) has/have been secured.

4. Arrival, Berthing and Departure

General

4. 1 Where do you come from?
What was your last port of call?

4. 2 From what direction are you approaching?

4. 3 What is your ETA (at …)?
What is your ETD (from …)?

3.45 케이블은 선수/선미/좌현/우현/선수 주위/수직으로 향하고 있다.

3.46 케이블에 많은/매우 강한 장력이 있다/장력이 없다.

3.47 감는 것을 중지하라.

3.48 케이블은 수직(연직선)으로 되어 있다.

3.49 몇 새클이 남아 있는가(끌어들였는가)?

3.50 케이블이 꼬여 있다.

3.51 앵커/케이블은 클리어 되어 있다(꼬이지 않았다).

3.52 앵커는 수면을 벗어나 있다.

3.53 앵커는 고박 되어 있다.

4. 입항, 정박 및 출항

일반

4. 1 귀선은 어디에서 왔는가?
귀선의 최후 기항지는 어디인가?

4. 2 귀선은 어느 방향에서 접근하고 있는가?

4. 3 귀선의 …에의 도착예정시각을 알려라.
귀선의 …에서의 출발예정시각을 알려라.

4. 4 My ETA (at …) is … hours .

My ETD (from …) is …hours.

4. 5 Do not pass receiving point … until …hours.

4. 6 What is your destination?

4. 7 My destination is …

4. 8 What are my berthing instruction?

What are my docking instruction?

4. 9 Your berth is clear (at …hours).

Your berth will be clear (at …hours).

4.10 You will berth at …

You will dock at …

4.11 May I enter?

4.12 You may enter (at …hours).

4.13 May I proceed?

4.14 You may proceed (at …hours).

4.15 Is there any other traffic?

4.16 There is a vessel turning at …

There is vessel maneuvering at …

4.17 Vessel … will turn at …

4. 4 본선의 (…에의) 도착예정시각은 …시이다.
본선의 (…에서의) 출발예정시각은 …시이다.

4. 5 …시까지 …의 리시빙 포인트를 통과하지 말라.

4. 6 귀선의 목적항을 알려라.

4. 7 본선의 목적항은 …이다.

4. 8 본선의 정박지시사항은 무엇인가?
본선의 계류지시사항은 무엇인가?

4. 9 귀선의 정박지는 (…시에) 비이 있다.
귀선의 정박지는 (…시에) 비게 된다.

4.10 귀선은 …에서 정박하게 된다.
귀선은 …에서 계류하게 된다.

4.11 본선은 입항해도 좋은가?

4.12 귀선은 (…시에) 항진하여도 좋다.

4.13 본선은 항진해도 좋은가?

4.14 귀선은 (…시에) 항진해도 좋다.

4.15 타선이 교통(통항)하고 있는가?

4.16 …에서 선회중인 선박이 있다.
…에서 조종중인 선박이 있다.

4.17 …은 …에서 선회할 것 이다.

4.18 Vessel … is leaving … at …hours.

4.19 Vessel … is leaving …

4.20 Vessel … has left …

4.21 Vessel … has entered the fairway at …

4.22 Your orders are to …
Your orders are changed to …

4.23 Vessel … inward in position …
Vessel … outward in position …

4.24 Are you underway?

4.25 I am underway.

4.26 I am ready to get underway.

4.27 I am not ready to get underway.

4.28 You must get underway.

4.29 I am making way through the water.

4.30 I have steerage way.
I do not have steerage way.

4.31 Vessel in position (make fast).

4.18 …은 …시에 …에서 출항 할 것이다.

4.19 …은 …에서 출항중이다.

4.20 …은 …에서 출항했다.

4.21 …은 …에서 항로로 진입했다.

4.22 귀선은 …하라는 명령이 있다.
귀선은 …하라는 명령이 변경되었다.

4.23 …의 위치에서 입항중인 …이 있다.
…의 위치에서 출항중인 …이 있다.

4.24 귀선은 항행중인가?

4.25 본선은 항행중이다.

4.26 본선은 항행할 준비가 되었다.

4.27 본선은 항행할 준비가 되지 않았다.

4.28 귀선은 항행을 시작하라.

4.29 본선은 대수속력이 있다.

4.30 본선은 타효속력이 있다.
본선은 타효속력이 없다.

4.31 선박은 정 위치임 (계류하라).

4.32 Move ahead (*feet/meter*).
Move astern (*feet/meter*).

※4.33 We will be berthing *port/starboard* side along side the quay.

※4.34 We will be mooring to a *buoy/buoys* ahead and astern.

※4.35 We will be mooring *alongside/to* dolphins.

※ Berthing

4.36 Put out … *head/stern/breast* lines.

4.37 Put out … spring(s) *fore/aft*.

4.38 We will use … shore *head/stern/breast lines/wires*.

4.39 Do you have tension winches *forward/aft* on *all/some* lines?

4.40 Have heaving lines ready forward and aft.

4.41 Send a heaving *line/the head line/the stern line/breast line* ashore to *linesmen/boatmen*.

4.42 The *boatmen/linesmen* will use *shackles/lashings* to secure the mooring.

4.43 Give the *boatmen/linesmen* some *shackles/lashings* for the lines.

4.44 Have a messenger rope handy.

4.45 Use the *centre/panama* lead *forward/aft*.

4.32 전방으로 (…피트/미터) 이동하라.
후방으로 (…피트/미터) 이동하라.

※4.33 본선은 좌현/우현 쪽을 안벽에 정박하겠다.

※4.34 본선은 선수와 선미를 부표에 계류하겠다.

※4.35 본선은 돌핀(계선부표)에 계류하겠다.

※정박

4.36 … 헤드 라인/스턴 라인/브레스트 라인을 내보내라.

4.37 … 스프링 라인을 선수/선미로 내보내라.

4.38 육상의 헤드 라인/스턴 라인/브레스트 라인/와이어를 사용하겠다.

4.39 귀선은 모든/약간의 라인용 선수/선미(자동)인 장력조절 윈치가 있는가?

4.40 히빙 라인을 선수와 선미에 준비하라.

4.41 히빙 라인/헤드 라인/스턴 라인/브레스트 라인을 해안의 보선공/보트맨에게 던져라(보내라).

4.42 보트맨/보선공은 계류를 고박하기 위해서 새클/래싱을 사용할 것이다.

4.43 보트맨/보선공에게 약간의 새클/래싱용 줄을 내주어라.

4.44 메신저 로프(닻줄, 인양용 밧줄)를 알맞게 하라.

4.45 센터/파나마 리드를 선수/선미에 사용하라.

4.46 Use the *bow/quarter* lead.

4.47 Heave on the …*line(s)/spring.*

4.48 Pick up the slack on the …*line(s)/spring.*

4.49 Stop heaving.

4.50 Slack away the …*line(s)/spring.*

4.51 Hold on the …*line(s)/spring.*

4.52 Heave in *easy/heave* alongside.

4.53 Keep the lines tight.

4.54 Do not break the lines.

4.55 We have to move …metres *ahead/astern.*

4.56 We are in position.

4.57 Make fast forward and aft.

※ Unberthing

4.58 Prepare to let go.

4.59 Single up to … line (s) and … spring (s) forward and aft.

4.60 Slack away the *head/stern line/breast rope.*

4.46 바우/쿼터 리드(fair lead)를 사용하라.

4.47 …라인/스프링 라인을 감아라.

4.48 …라인/스프링 라인을 처진 것만 감아라.

4.49 감는 것을 중지하라

4.50 …라인/스프링 라인을 늦춰라.

4.51 …라인/스프링 라인을 고정시켜라.

4.52 천천히 감아라/접안을 위해 감아라.

4.53 줄을 팽팽하게 하라.

4.54 줄의 힘을 늦추지 마라.

4.55 본선은 선수/선미 쪽으로 …미터 움직여야만 한다.

4.56 본선은 위치에 있다(위치하고 있다).

4.57 선수와 선미를 고박시켜라(안전하게 묶어라).

※ 출항

4.58 밧줄을 풀 준비를 하라.

4.59 선수와 선미의 … 라인과 …스프링 라인을 싱글 업 하라.

4.60 헤드 라인/스턴 라인/브레스트 로프를 늦춰라.

4.61 Hold on the *head/stern line/breast rope.*

4.62 Slack away the *fore/after spring.*

4.63 Hold on to the *fore/after spring.*

4.64 Heave on the *head/stern line/fore/after* spring.

4.65 Heave in the *head/stern line/fore/after* spring.

4.66 Let go …
(head line)
(stern line)
(spring)
(towing line).

4.67 Let go everything forward/aft.

4.68 Keep someone forward to stand by the anchor.

※ Berthing/Unberthing General

4.69 Is the propeller clear?

4.70 Keep the propeller clear.

4.71 The propeller is/is not clear.

4.72 Stop the propeller(controllable pitch).

4.73 Have fenders ready forward/aft.

4.61 헤드 라인/스턴 라인/브레스트 로프를 고정시켜라.

4.62 선수/선미 스프링 라인을 늦춰라.

4.63 선수/선미 스프링 라인을 고정시켜라.

4.64 헤드 라인/스턴 라인/선수/선미 스프링 라인을 감아 올려라.

4.65 헤드 라인/스턴 라인/선수/선미 스프링 라인을 끌어 들여라.

4.66 …을 풀어라(놓아라).
(헤드 라인)
(스딘 라인)
(스프링 라인)
(예인줄)

4.67 선수/선미의 모든 줄을 놓아라.

4.68 앵커 준비를 위해 선수에 사람을 배치하라.

※ 정박/출항 일반

4.69 추진기는 클리어 (방해물 제거) 되었는가?

4.70 추진기를 클리어하라.

4.71 추진기는 클리어 되어 있다/되어있지 않다.

4.72 추진기 (가변 피처)를 정지하라.

4.73 선수/선미에 방현재를 준비하라.

4.74 There are fenders on the berth.

5. Course

5. 1 What is your course?

5. 2 My course is …

5. 3 Your course is correct.

5. 4 What course do you advise?

5. 5 Advise you make course …

5. 6 Advise you keep your present course.

5. 7 You are steering a dangerous course … – to be followed by indication of danger or advice for further action.

5. 8 I am keeping my present course.

5. 9 I cannot keep my present course.

5.10 I am altering course to …

5.11 I am altering course to …
(*port/starboard*)
(*left/right*)

5.12 Advise you alter course to … (at …)

4.74 정박지에 방현재가 있다.

5. 침로

5. 1 귀선의 침로를 알려라.

5. 2 본선의 침로는 … 이다.

5. 3 귀선의 침로는 정확하다.

5. 4 어느 침로가 좋은지 알려 달라.

5. 5 …의 침로를 권한다.

5. 6 귀선의 현 침로를 유지하기 바란다.

5. 7 귀선은 위험한 침로 …을 조종(조타)하고 있다. – 이어서 위험을 지시하거나 다음에 취해야 할 행동을 권고한다.

5. 8 본선은 현 침로를 유지하고 있다.

5. 9 본선은 현 침로를 유지할 수 없다.

5.10 본선은 …로 변침하고 있다.

5.11 본선은 침로를 …로 변침하고 있다.
(좌현/우현)
(좌/우)

5.12 귀선은 (…에서) …로 변침하도록 권고한다.

6. Draught and Height

6. 1 What is your draught?

6. 2 My draught is …

6. 3 What is your draught *forward/aft*?

6. 4 My draught *forward/aft* is …

6. 5 Vessel … is of deep draught.

6. 6 Do you have any list?

6. 7 I have a list *port/starboard* of … degrees.

6. 8 Maximum permitted draught is …

6. 9 What is your freeboard?

6.10 My freeboard is …

6.11 What is your height?

6.12 My height is …

※6.13 Is she trimmed by the *ahead/stern*?

※6.14 Is she even keel?

※6.15 What is the maximum draught now?

6. 흘수와 높이

6. 1 귀선의 흘수를 알려라.

6. 2 본선의 흘수는 …이다.

6. 3 귀선의 선수/선미 흘수를 알려라.

6. 4 본선의 선수/선미 흘수는 …이다.

6. 5 …은 심 흘수선이다.

6. 6 귀선은 경사되이 있는가?

6. 7 본선은 좌현/우현으로 …도 경사되어 있다.

6. 8 최대 허용흘수는 …이다.

6. 9 귀선의 건현을 알려라.

6.10 본선의 건현은 …이다.

6.11 귀선의 높이를 알려라.

6.12 본선의 높이는 …이다.

※6.13 배는 선수/선미 트림되었는가?

※6.14 배는 등흘수(이븐 킬)인가?(트림이 없는가?)

※6.15 현재 최대 흘수는 얼마인가?

Note1: When necessary it must be specified whether salt of fresh water draught is given.
Note2 : Height is the highest point of the vessel's structure above the waterline.

7–a Fairway Navigation

7. 1 There is a vessel entering the fairway (at …).

7. 2 There is a vessel leaving the fairway (at …).

7. 3 I will proceed by … fairway.
I will proceed by … route.

7. 4 Proceed by … fairway.
Proceed by … route.

7. 5 I will turn to port(left) before *anchoring/berthing* at …
I will turn to starboard(right) before *anchoring/berthing* at …

7. 6 I am proceeding at reduced speed.

7. 7 I am crossing the fairway from … to …

7. 8 I am passing …

7. 9 Buoy (*name/number*) … distance ahead.
Other mark (*name/number*) … distance ahead.

7.10 I am stopped (at …).

7.11 The vessel ahead of you is (*stopping/turning/*…).
The vessel astern of you is (*stopping/turning/*…).

(주1) 필요에 따라 해수 중의 흘수인가 또는 담수중의 흘수인가를 표시해야 한다.
(주2) 높이는 선체구조물의 가장 높은 점의 수선 상의 높이를 말한다.

7–a 항로에서의 항법

7. 1 (…에서) 항로로 들어가려고 하는 선박이 있다.

7. 2 (…에서) 항로를 나오려고 하는 선박이 있다.

7. 3 본선은 … 항로를 항진하겠다.
* fairway는 수로 등의 항행이 가능한 부분을 가리키고, route는 심수심항로 처럼 항로구역이 정해진 것을 가리킨다고 본다. 굳이 구별한다면 '가항항로'와 '지정항로'로 번역될 것이다.

7. 4 …항로로 항진하라.

7. 5 본선은 …에서 투묘/정박하기 전에 좌현(좌)으로 선회하겠다.
본선은 …에서 투묘/정박하기 전에 우현(우)으로 선회하겠다.

7. 6 본선은 감속하여 항진하고 있다.

7. 7 본선은 …에서 …으로의 항로를 횡단하고 있다.

7. 8 본선은 …을 통과하고 있다.

7. 9 …(거리) …전방에 있는 부표(명칭/번호)
…(거리) …전방에 있는 다른 표지(명칭/번호)

7.10 본선은 …에서 정지하고 있다.

7.11 귀선의 전방에 있는 선박은 (정지/선회/…) 하고 있다.
귀선의 후방에 있는 선박은 (정지/선회…) 하고 있다.

7.12 The vessel to port of you is (*stopping/turning/*⋯).

The vessel to starboard of you is (*stopping/turning/*⋯).

7.13 Fairway speed is ⋯ knots.

7.14 You must keep to the ⋯ side of the fairway(⋯*metres/cables*).

You must keep to the ⋯ side of the leading line (⋯*meters/cables*).

7.15 You are in the center of the fairway.

7.16 You are on the leading line.

7.17 You are ⋯ side of the fairway.

7.18 You must stay clear of the fairway.

7.19 Do not overtake.

7.20 Do not cross the fairway.

7-b Canal and Lock Operations

7.21 What are the details of commencement of transit?

Request details of convoy.

Request details of station in convoy.

7.22 You will join convoy ⋯ at ⋯ hrs.

7.23 I cannot join convoy ⋯ because ⋯

7.24 Transit will begin at ⋯ hrs.

7.12 귀선의 좌현방향에 있는 선박은 (정지/선회/…)하고 있다.
귀선의 우현방향에 있는 선박은 (정지/선회/…)하고 있다.

7.13 항로 내의 제한속력은 …노트이다.

7.14 귀선은 항로의 …측 (…미터/케이블)을 통항하라.
귀선은 향도선의 …측 (…미터/케이블)을 통항하라.

7.15 귀선은 항로의 중앙에 있다.

7.16 귀선은 향도선상에 있다.

7.17 귀선은 항로의 … 쪽에 있다.

7.18 귀선은 항로를 벗어나서 대기하라.

7.19 추월하지 말라.

7.20 항로를 횡단하지 말라.

7–b 운하와 수문작업

7.21 통과개시에 대한 상세한 것은 무엇인가?
호송선단에 대한 상세한 것을 알고 싶다.
호송선단의 배치에 대한 상세한 것을 알고 싶다.

7.22 귀선은 …(의) 호송선단에 …시에 참가하게 된다.

7.23 본선은 …때문에 …(의) 호송선단에 참가할 수 없다.

7.24 통과는 …시에 개시된다.

7.25 Your station in convoy will be number.

7.26 Transit speed is … knots.
Convoy speed is … knots.

7.27 You must close up on vessel ahead of you.

7.28 Convoys will pass in area.
Vessels will pass in area.

7.29 You must *wait/moor* at …
Convoy … must *wait/moor* at …

7.30 What time may I enter the *canal/lock*?

7.31 You will enter *canal/lock* at … hrs.

7.32 You must wait for lock clearance at … (until …hours).

Note : See also Section 4.

8. Maneuvering

The use of these messages does not relieve vessels of their obligation to comply with local bye-laws and "the International Regulations for Preventing Collisions at Sea."

8. 1 I am altering my course to *port/starboard*.

8. 2 I am keeping course and speed.

8. 3 I am going astern.

7.25 귀선은 호송선단의 …번선으로 된다.

7.26 통과속력은 …노트이다.
호송선단의 속력은 …노트이다.

7.27 귀선은 전방의 선박에 더 접근하라.

7.28 호송선단이 … 수역을 통과할 것이다.
선단이 … 수역을 통과할 것이다.

7.29 귀선은 …에서 대기/계류하라.
… 호송선단은 …에서 대기/계류하라.

7.30 본선은 몇 시에 운하/수문에 들어갈 수 있는가?

7.31 귀선은 …시에 운하/수문에 들어가게 된다.

7.32 귀선은 …에서 (…시까지) 수문이 비기를 기다려라.

(주) 4절을 참조.

8. 조선

이러한 통보를 사용하는 것이 법령 및 국제해상충돌예방규칙에 의해 선박에 부과된 의무가 면제되는 것은 아니다.

8. 1 본선은 좌현/우현으로 변침하고 있다.

8. 2 본선은 침로와 속력을 유지하고 있다.

8. 3 본선은 후진하고 있다.

8. 4 I am not making way through the water.

8. 5 What are your intentions?

8. 6 Keep well clear of me.

8. 7 I wish to overtake (…).

8. 8 Do not overtake (…).

8. 9 Ship astern … wishes to overtake (on your *port/starboard* side)
Vessel … wishes to overtake (on your *port/starboard* side).

8.10 You may overtake(…).

8.11 Vessel … approaching an obscured area (…).
Approaching vessels, please acknowledge.

8.12 I am not under command.

8.13 I am a hampered vessel (because …).

8.14 I am maneuvering with difficulty. Keep clear of me.

8.15 Advise you alter course to *port/starboard*.

8.16 I will alter course to *port/starboard*.

8.17 I cannot alter course to *port/starboard*.

8.18 Advise you stop engines.

8. 4 본선은 대수속력이 없다.

8. 5 귀선이 의도하는 바를 알려라.

8. 6 본선을 충분히 피하라.

8. 7 본선은 (…을) 추월하고자 한다.

8. 8 (…을) 추월하지 말라.

8. 9 …의 후방에 있는 선박은 (귀선의 좌현/우현을) 추월하려고 한다.
…은 (귀선의 좌현/우현을) 추월하려고 한다.

8.10 귀선은 (…을) 추월해도 좋다.

8.11 … 은 불확실한 구역 (…)에 접근하고 있다.
부근의 선박은 양지하기 바란다.

8.12 본선은 운전이 자유롭지 못하다.

8.13 본선은 (…때문에) 조종성능제한선이다.

8.14 본선은 조종이 곤란하다. 본선을 피하라.

8.15 귀선이 좌현/우현으로 변침하도록 권고한다.

8.16 본선은 좌현/우현으로 변침하겠다.

8.17 본선은 좌현/우현으로 변침하지 못한다.

8.18 귀선은 기관을 정지하는 편이 좋겠다.

8.19 I will stop engines.

8.20 Do not pass *ahead/astern* of me.

8.21 Do not pass on my *port/starboard* side.

8.22 I … will overtake (…).
Vessel … will overtake (…).

8.23 Advise you pass *ahead/astern* of me.
Advise you pass *ahead/astern* of vessel …

8.24 I will pass ahead/astern of you …
I will pass ahead/astern of vessel …

8.25 Wait for … to cross ahead of you.

8.26 I will wait for … to cross ahead of me.

8.27 Advise you pass *North/South/East/West* of … vessel.
Advise you pass *North/South/East/West* of … mark.

8.28 I will pass *North/South/East/West* of … vessel.
I will pass *North/South/East/West* of … mark.

8.29 Wait for … to clear (…*mark/position*) before entering fairway.
Wait for … to clear (…*mark/position*) before getting underway.
Wait for… to clear (…*mark/position*) before leaving berth.

8.19 본선은 기관을 정지하겠다.

8.20 본선의 전방/후방을 통과하지 말라.

8.21 본선의 좌현/우현 측을 통과하지 말라.

8.22 본선 …은 (…)을 추월하려고 한다.
…은 (…)을 추월하려고 한다.

8.23 귀선은 본선 …의 전방/후방을 통과하는 편이 좋다.
귀선은 …의 전방/후방을 통과하는 편이 좋다.

8.24 본선은 귀선 …의 전방/후방을 통과하겠다.
본선은 …의 전방/후방을 통과하겠다.

8.25 …이 귀선의 전방을 횡단하는 것을 기다려라.

8.26 …이 본선의 전방을 횡단하는 것을 기다리겠다.

8.27 귀선은 …선박의 북/남/동/서측을 통과하는 편이 좋다.
귀선은 …표지의 북/남/동/서측을 통과하는 편이 좋다.

8.28 본선은 …선박의 북/남/동/서측을 통과하겠다.
본선은 …표지의 북/남/동/서측을 통과하겠다.

8.29 항로로 들어가기 전에 …이 (…표지/위치)을 지나가는 것을 기다려라.
항행을 개시하기 전에 …이 (…표지/위치)을 지나가는 것을 기다려라.
정박지를 떠나기 전에 …이 (…표지/위치)을 지나가는 것을 기다려라.

8.30 I will wait for … to clear (…*mark/position*) before entering fairway.
I will wait for … to clear (…*mark/position*) before getting underway.
I will wait for …to clear (…mark/position) before leaving berth.

※8.31 Is the turning effect of the propeller very strong?

※8.32 What is the diameter of the turning circle?

※8.33 How long does it take from hard to port to hard to starboard?

9. Pilotage

9. 1 I require a pilot.

9. 2 Do you require a pilot?

9. 3 Is the pilot boat on station?

9. 4 At what position can I take pilot?

9. 5 You can take pilot at point…/near…(at …hrs).

9. 6 At what time will the pilot be available?

9. 7 Must I take a pilot?

9. 8 You may navigate by yourself or wait for pilot at …

9. 9 Pilot is coming to you.

9.10 Pilot boat is approaching your vessel.

8.30 본선은 항로로 들어가기 전에 …이 (…표지/위치)을 지나기를 기다리겠다.
본선은 항행을 개시하기 전에 …이 (…표지/위치)을 지나가기를 기다리겠다.
본선은 정박지를 떠나기 전에 …이 (…표지/위치)을 지나가기를 기다리겠다.

※8.31 추진기의 선회효과는 매우 좋은가?

※8.32 선회권의 직경은 얼마인가?

※8.33 완전 좌현(하드 포트)에서 완전 우현(하드 스타보드)로 하는데 얼마나 걸리는가?

9. 도선

9. 1 본선은 도선사를 요청한다.

9. 2 귀선은 도선사를 요청하는가?

9. 3 도선선(파일럿 보트)은 배치되어 있는가?

9. 4 도선사는 어느 위치에서 승선하는가?

9. 5 귀선은 …의 지점/…부근에서 (…시에) 도선사를 승선시킬 수 있다.

9. 6 몇 시에 도선사를 승선시킬 수 있겠는가?

9. 7 도선은 강제적인가?

9. 8 귀선은 도선사 없이 항해해도 좋으며 또한 …에서 도선사를 기다려도 좋다.

9. 9 도선사가 귀선으로 가고 있다.

9.10 도선선이 귀선으로 접근하고 있다.

9.11 You must rig pilot ladder on port/starboard side.

9.12 Pilot ladder is rigged on port/starboard side.

9.13 Pilotage suspended for all/small vessels.
Pilotage resumed for all/small vessels.

9.14 You must rig gangway combined with pilot ladder.

※ Additional Phrases

9.15 Is there an automatic pilot?

9.16 Is the automatic pilot reliable?

9.17 Is the helmsman experienced ?

9.18 Does the helmsman understand English?

9.19 Where is the whistle control?

9.20 Give … short/long blast(s) on the whistle.

9.21 Put a man on lookout.

9.22 Have heaving line ready at pilot ladder.

9.23 Put on lights at pilot ladder position.

9.24 Stand by the pilot ladder.

9.25 *Lower/Lift up* the *pilot ladder/hoist*.

9.11 귀선은 파일럿 래더 (도선사 사다리)를 좌현/우현 측에 내려라.

9.12 파일럿 래더는 좌현/우현 측에 내려져 있다.

9.13 모든/소형 선박에 대한 도선 업무를 일시중지 한다.
모든/소형 선박에 대한 도선 업무를 재개한다.

9.14 귀선은 파일럿 래더와 결합된 갱웨이를 내려라.

※ 추가 예문

9.15 자동조타기가 있는가?

9.16 자동조타기는 확실한가(믿을만한가)?

9.17 조타수는 경험이 있는가?

9.18 조타수는 영어를 이해하는가?

9.19 기적제어기는 어디에 있는가?

9.20 기적으로 …번의 짧은/긴 기척을 울려라.

9.21 견시 요원을 배치하라.

9.22 도선사용 사다리에 히빙 라인을 준비하라.

9.23 도선사용 사다리 위치에 불을 켜라.

9.24 도선사용 사다리를 준비하라.

9.25 도선사용 사다리/권양기를 내려라/올려라.

9.26 Make a lee on the *port/starboard* side.

9.27 Stop the engines until the pilot boat is clear.

9.28 Keep the pilot cutter on the *port/starboard* side.

9.29 The pilot boat is coming to you now.

9.30 Advise you stop where you are and wait for the pilot to come to you.

9.31 The pilot will board you in … *minutes/hours.*

10. Position

10. 1 What is your position ?

10. 2 What is my position ?

10. 3 *My/Your* position is …

10. 4 Your position is … degrees … miles from …

10. 5 Your are passing …

10. 6 Your are entering area …

10. 7 What is your present position, course and speed?

10. 8 My present position, course and speed is …

10. 9 What is the course to …?

9.26 좌현/우현 쪽으로 바람을 받지 않게 하라.

9.27 도선사용 보트가 클리어 될 때까지 기관을 정지하라.

9.28 좌현/우현 쪽에 도선사용 커터(보트)가 있게 하라.

9.29 현재 도선사가 탄 보트가 귀선 쪽으로 가고 있는 중이다.

9.30 귀선이 있는 곳에서 정지하고 귀선으로 갈 도선사를 기다려라.

9.31 도선사는 …분/시간 후에 귀선에 승선할 것이다.

10. 위치

10. 1 귀선의 위치를 알려라.

10. 2 본선의 위치는 어디인가?

10. 3 본선의/귀선의 위치는 …이다.

10. 4 귀선의 위치는 …에서 …도 …마일이다.

10. 5 귀선은 …을 통과하고 있다.

10. 6 귀선은 …의 해역으로 들어가고 있다.

10. 7 귀선의 현재 위치, 침로 및 속력을 알려라.

10. 8 본선의 현재 위치, 침로 및 속력은 …이다.

10. 9 …로 가는 침로를 알려 달라.

10.10 The course to … is …

10.11 What is the course to reach you?

10.12 The course to reach me is …

10.13 Do not arrive at … before … hrs.

10.14 Do not arrive at … after … hrs.

10.15 Say again your position for identification.

10.16 Has your position been obtained by *radar/decca/astronomical observation/…*?

10.17 My position has been obtained by *radar/decca/astronomical observation/…*

11. Radar–Ship–to–Ship/Shore–to–Ship/Ship–to–Shore

11. 1 Is your radar working?

11. 2 My radar is *working/not working*.

11. 3 I do not have radar.

11. 4 I have located you on my radar, * (your position is …degrees …miles from …).

Note : This message may only be used when the vessel is positively identified.

11. 5 I cannot locate you on my radar.

11. 6 You must alter *course/speed* for identification.

10.10 …로 가는 침로는 …이다.

10.11 그쪽으로 가는 침로를 알려 달라.

10.12 본선에 오는 침로는 …이다.

10.13 …시 이전에 …로 도착하지 말라.

10.14 …시 이후에 …로 도착하지 말라.

10.15 식별할 수 있도록 귀선의 위치를 다시 송신하라.

10.16 귀선의 위치를 레이더/데카/천측/…에 의해 구했는가?

10.17 본선의 위치를 레이더/데카/천측/… 에 의해 구했다.

11. 레이더-선박에서 선박으로/해안에서 선박으로/선박에서 해안으로

11. 1 귀선의 레이더는 작동하고 있는가?

11. 2 본선의 레이더는 작동하고 있다/작동하지 않고 있다.

11. 3 본선에는 레이더가 없다.

11. 4 본선은 레이더로 귀선을 확인했다. (귀선의 위치는 … 에서 … 도 …마일이다.)

(주) 이 통보는 선박이 확실히 식별된 경우에만 사용하는 것이 좋다.

11. 5 본선의 레이더로 귀선을 확인할 수 없다.

11. 6 식별할 수 있도록 귀선은 침로/속력을 변경하라.

11. 7 I have altered *course/speed* to … for identification.

11. 8 I have lost radar contact.

11. 9 Have you altered course?

11.10 Report your position for identification.

11.11 Vessel ahead of you is on the same course.

11.12 You are getting closer to the vessel(s) ahead.

11.13 Your position is …

11.14 My position is …

11.15 What range scale are you using?

11.16 I am using … mile range scale.

11.17 Advise you change to *larger/smaller* range scale.

11.18 I require shore based radar assistance.

11.19 Is shore based radar assistance available?

11.20 Shore based radar assistance *is/is not* available.

11.21 I am at *Way point/reporting point/C.I.P.* …, course …, speed …
I am approaching *way point/reporting point/C.I.P.* …, course …, speed …

11. 7 본선은 식별할 수 있도록 침로/속력을 …으로 변경했다.

11. 8 본선은 레이더에 의한 포착을 못했다.

11. 9 귀선은 침로를 변경했는가?

11.10 식별을 위하여 귀선의 위치를 보고하라.

11.11 귀선의 전방에 있는 선박은 같은 침로 상에 있다.

11.12 귀선은 전방의 선박(군)으로 접근하고 있다.

11.13 귀선의 위치는 …이다.

11.14 본선의 위치는 …이다.

11.15 귀선이 사용하고 있는 거리척도(레인지 스케일)를 알려라.

11.16 본선은 …마일 거리 척도를 쓰고 있다.

11.17 더 큰/더 작은 거리척도로 변경하도록 권고한다.

11.18 본선은 육상 레이더의 지원을 요청한다.

11.19 육상 레이더의 지원을 받을 수 있는가?

11.20 육상 레이더의 지원을 이용할 수 있다/없다.

11.21 본선은 …웨이 포인트/리포팅 포인트/콜링 인 포인트에서 침로…, 속력 …이다.
본선은 …웨이 포인트/리포팅 포인트/콜링 인 포인트로 접근중이고 침로 …, 속력 …이다.

11.22 I will stop at position … at … hours.

11.23 You are in the fairway.

11.24 Vessel on opposite course passing your *port/starboard* side.

11.25 Vessel is … *miles/meters* ahead on *port/starboard* bow.

11.26 Vessel ahead of you is on opposite course.

11.27 Vessel following will overtake you on *port/starboard* side.

11.28 You are leaving my screen.

※11.29 Switch on the radar to …mile range.

12. Navigational Warnings

12. 1 There is a dangerous *wreck/rock/shoal* position …(marked by …showing…)

12. 2 There is a drifting mine reported in position …

12. 3 There is a gas leakage (from fractured pipeline) in position …

12. 4 There is a slick of oil in position … (extending …).

12. 5 There are *pipe-laying/cable-laying* operations in position …

12. 6 There are *salvage/oil clearance* operations in position …

12. 7 There are tankers transferring … in position …

11.22 본선은 …위치에서 …시에 정지하겠다.

11.23 귀선은 향로 내에 있다.

11.24 반대쪽에서 오는 선박은 귀선의 좌현/우현을 통과하고 있다.

11.25 좌현/우현 선수 전방 …마일/미터에 선박이 있다.

11.26 귀선 전방의 선박은 반대쪽에서 오고 있는 선박이다.

11.27 후속선이 귀선의 좌현/우현을 추월하려 하고 있다.

11.28 귀선은 본선의 레이더 스크린의 (범위)밖으로 나가고 있다.

※11.29 레이더를 … 마일 레인지(거리척도)로 바꿔라.

12. 항행경보

12. 1 …의 위치에서 위험한 침선/바위/모래톱이 있다(…을 나타내고 …에 의하여 표지된).

12. 2 부유기뢰가 있고 그 위치는 …라고 보고되어 있다.

12. 3 …의 위치에서 (파열된 파이프라인으로부터) 가스 누출사고가 발생하였다.

12. 4 …의 위치에 부유 오일이 있다(…로 확산되고 있다).

12. 5 …의 위치에서 배관/해저전선 부설 공사를 하고 있다.

12. 6 …의 위치에서 침선 인양/기름 제거 작업을 하고 있다.

12. 7 …의 위치에서 …을 이송하고 있는 유조선이 있다.

12. 8 There are *current meters/oceanographic instruments* moored in position …

12. 9 There is a derelict adrift in position … (at … hrs).

12.10 There is a vessel with a difficult tow on passage from … to …

12.11 There is a *drilling rig/off-shore* installation …(name) established in position

12.12 There is a … *buoy/other mark* in position …unlit.
There is a … *buoy/other mark* in position … off station.

12.13 There is a … *buoy/other mark*(showing …) established in position.

12.14 There is a … *light/a buoy/other mark* in position … now showing …

12.15 There is a vessel carrying out *hydro-graphic/seismic* survey in position …
There is a vessel carrying out *hydro-graphic/seismic* survey in area …

12.16 Abnormally low tides expected in … around …hrs.

12.17 Decca Chain … *red/green/purple* transmissions interrupted at …, check all lane numbers.

12.18 Vessels must keep clear of this *area/area indicated*.
Vessels must avoid this *area/area indicated*.

Note : keep clear of …

12.19 Vessels are advised to keep clear of this area.
Vessels are advised to avoid this area.

12.20 Vessels must navigate with caution.

12. 8 …의 위치에서 조류계/해양실험용 계기가 설치되고 있다.

12. 9 (…시 현재) …의 위치에 유기선이 표류하고 있다.

12.10 힘들게 예항중인 선박이 …에서 …로 향해 항행하고 있다.

12.11 …의 위치에서 시추선/해상 설치물 …(선명) 가 설치되어 있다.

12.12 …의 위치에 …의 부표/다른 표지가 있고 불이 꺼져 있다.
…의 위치에 …의 부표/다른 표지가 있고 위치가 벗어나 있다.

12.13 …지점에 설치된 (…을 표시하는) …의 부표/다른 표지가 있다.

12.14 …의 위치에 …의 등화/부표/다른 표지가 있고, 현재 …을 표시하고 있다.

12.15 …의 위치에 수로측량/지진조사를 실시하고 있는 선박이 있다.
…의 해역에 수로측량/지진조사를 실시하고 있는 선박이 있다.

12.16 이상 상태의 수면하강이 …에서 …시에/시 경에 일어날듯하다.

12.17 …의 데카 체인의 적색/녹색/자색은 …시에 송신이 중단되었다. 모든 레인 값을 점검하라.

12.18 모든 선박은 이 해역/지정해역을 피하라.

(주) …을 피하고 있다. …에 접근하지 않다.

12.19 모든 선박은 이 해역을 피하도록 권고한다.

12.20 모든 선박은 주의하여 항행하라.

12.21 There is a vessel not under command in position/area

12.22 There is a hampered vessel in *position/area* …

12.23 Radar beacon service … has been discontinued.

12.24 Advise you keep clear of sea area … search and rescue in operation.

12.25 *Route/Traffic* lane … has been suspended.
Route/Traffic lane … has been discontinued.
Route/Traffic lane … has been diverted.

13. Routeing

13. 1 May I enter traffic *lane/route*?

13. 2 You may enter traffic *lane/route*.
Do not enter traffic *lane/route*.

13. 3 You may enter traffic *lane/route* at position … at … hrs.

13. 4 I will enter traffic *lane/route* … at … hrs.

13. 5 You are not complying with traffic regulation.

13. 6 You are not keeping to your correct traffic lane.

13. 7 There is a vessel in position … on course … and speed … which is not complying with traffic regulations.

13. 8 There is a vessel anchored ahead of you in position …

12.21 …의 위치/수역에 운전부자유선이 있다.

12.22 …의 위치/수역에 조종성능제한선이 있다.

12.23 …의 레이더 무선은 업무를 중지하고 있다.

12.24 수색구조 작업을 실시하고 있으므로 귀선은 …의 해역을 피하는 편이 좋다.

12.25 …의 지정항로/교통로는 일시중지 되고 있다.
…의 지정항로/교통로는 중지되고 있다.
…의 지정항로/교통로는 전환되고 있다.

13. 항로지정

13. 1 본선은 통항로/지정항로로 들어가도 좋은가?

13. 2 귀선은 통항로/지정항로로 들어가도 좋다.
통항로/지정항로로 들어가지 마라.

13. 3 귀선은 …시에 …의 위치에서 통항로/지정항로로 들어가도 좋다.

13. 4 본선은 …의 통항로/지정항로에 …시에 들어가겠다.

13. 5 귀선은 통항규칙에 따르지 않고 있다.

13. 6 귀선은 정확한 통항로로 가고 있지 않다.

13. 7 …의 위치에, 침로…, 속력…인 통항규칙 위반선이 있다.

13. 8 귀선의 전방 …의 위치에 묘박중인 선박이 있다.

13. 9 There is a vessel ahead obstructing your movements.

13.10 There is' a hampered vessel in position … on course … and speed …

13.11 You will meet crossing traffic at …

13.12 There is a vessel crossing … traffic lane on course … and speed … in position

13.13 There are 'many fishing vessels at …

13.14 *Route/Traffic* lane … has been suspended.
Route/Traffic lane … has been discontinued.
Route/Traffic lane … has been diverted.

14. Speed

14. 1 What is your present speed?
What is your full speed?

14. 2 My *present/full* speed is … knots.

14. 3 What is your full maneuvering speed?

14. 4 My full maneuvering speed is … knots.

14. 5 You are proceeding at a dangerous speed.

14. 6 Fairway speed is … knots.

14. 7 You must reduce speed.

13. 9 전방에 귀선의 동작에 방해가 되는 선박이 있다.

13.10 …의 위치에, 침로…, 속력…인 조종성능제한선이 있다.

13.11 귀선은 …에서 횡단 통항선에 마주치게 된다.

13.12 …의 위치에, 침로…, 속력…으로 통항로를 횡단하는 선박이 있다.

13.13 …에 많은 어선이 있다.

13.14 …의 지정항로/통항로는 일시 중지되고 있다.
…의 지정항로/통항로는 중지되고 있다.
…의 지정항로/통항로는 전환되고 있다.

14. 속력

14. 1 귀선의 현재 속력을 알려라.
귀선의 전속력은 얼마인가?

14. 2 본선의 현재/전 속력은 …노트이다.

14. 3 귀선의 조종전속(기관전속)을 알려라.

14. 4 본선의 조종전속은 … 노트이다.

14. 5 귀선은 위험속력으로 항진하고 있다.

14. 6 항로 내 제한속력은 … 노트이다.

14. 7 귀선은 감속하라.

14. 8 I am reducing speed.

14. 9 You must increase speed.

14.10 I am increasing speed.

14.11 I cannot increase speed.

14.12 You must keep your present speed.

14.13 I am keeping present speed.

14.14 What speed do you advise?

14.15 Advise speed … knots.

※ Additional Phrases

14.16 What is full sea speed?

14.17 Full speed is … knots

14.18 What are the maneuvering speed?

14.19 The maneuvering speeds are … knots.

14.20 What notice is required to reduce from full sea speed to maneuvering revolutions?

14.21 Keep a speed of … knots.

14. 8 본선은 감속 중이다.

14. 9 귀선은 증속하라.

14.10 본선은 증속 중이다.

14.11 본선은 증속할 수 없다.

14.12 귀선은 현재의 속력을 유지하라.

14.13 본선은 현재의 속력을 유지하고 있다.

14.14 어느 정도의 속력을 바라는가?

14.15 속력 …노트가 알맞다.

※ 추가 예문

14.16 최대항해속력은 얼마인가?

14.17 최대속력은 … 노트이다.

14.18 조종속력은 얼마인가?

14.19 조종속력은 … 노트이다.

14.20 최대항해속력에서 조종회전수로 감소시키는 데 어떤 주의가 필요한가?

14.21 … 노트의 속력을 유지하라.

15. Tide and Depth

15. 1 What is the tide doing?
What is the tidal stream doing?

15. 2 The tide is rising (it is … hours *before high water/after low water*).

15. 3 The tide is rising (it is … *metres/feet below high water/above low water*).

15. 4 The tide is falling (it is … hours *after high water/before low water*).

15. 5 The tide is falling (it is … *metres/feet below high water/above low water*).

15. 6 The tide is slack.
The tide is *with/against* you.

15. 7 Present height of the tide above datum is … *meters/feet* at position.

15. 8 Tide is(…*meters/feet*) *above/below* prediction.

15. 9 The tide is … knots at …
The current is … knots at …

15.10 Tide is setting in direction …

15.11 In your present position you will be aground at low water.

15.12 Is there sufficient depth of water?

15.13 There is sufficient depth of water.
There is not sufficient depth of water.

15. 조석과 수심

15. 1 조석은 지금 어떻게 되어 있는가?
조류는 지금 어떻게 되어 있는가?

15. 2 조수가 올라가고 있다(고조 전/저조 후 … 시간이다).

15. 3 조수가 올라가고 있다(고조면 아래/저조면 위 … 미터/피트이다).

15. 4 조수가 낮아지고 있다(고조 후/저조 전 … 시간이다).

15. 5 조수가 낮아지고 있다(고조면 아래/저조면 위 미터/피트이다).

15. 6 조수는 휴조이다.
조수는 순조/역조이다.

15. 7 …위치에서의 현재 조고는 기준면상 … 미터/피트이다.

15. 8 조석은 예보보다 (…미터/피트)높다/낮다.

15. 9 조수는 …에서 …노트이다.
조류는 …에서 …노트이다.

15.10 조수는 …의 방향으로 흐르고 있다.

15.11 귀선의 현재 위치에서는 저조시에 좌초하게 된다.

15.12 수심은 충분한가?

15.13 수심은 충분하다.
수심은 충분하지 않다.

15.14 My draught is … *meters/feet.* At what time may I *pass/enter* … ?

15.15 Charted depths are decreased by … *meters/feet* due to state of the *sea/winds.*

15.16 Abnormally low tides expected in … *at/around* … hrs.

16. Tropical Storms

16. 1 What is your latest tropical storm warning information?

16. 2 Tropical storm centre(name) reported in …

16. 3 What is the atmospheric pressure (and its change)?
What is the atmospheric pressure (*at position …/at your position*)?

16. 4 The atmospheric pressure is … (and its change is…)

16. 5 What is the position, direction and speed of the tropical storm centre?

16. 6 The tropical storm centre(name) was (at … hrs) in position … moving … at …knots.

16. 7 Tropical storm(name) at … hours was moving in direction … at … knots with maximum winds force/speed …

17. Tugs

17. 1 I require a tug.
I require … tugs.

15.14 본선의 흘수는 …미터/피트이다. 본선은 몇 시에 통과할/들어 갈 수 있는가?

15.15 해면/바람의 상태에 따라 해도에 기재된 수심보다 …미터/피트 얕아지게 된다.

15.16 …에서 이상한 해면저하(저조)가 …시 /시경에 일어날 듯하다.

16. 열대성폭풍

16. 1 열대성 폭풍경보에 관한 그쪽의 최신정보를 알려 달라.

16. 2 열대성 폭풍(명칭)의 중심은 …에 있다고 보도되었다.

16. 3 기압(과 기압 변화량)은 얼마인가?
(…의 위치/귀선의 위치의) 기압은 얼마인가?

16. 4 기압은 … 이다(그리고 기압 변화량은 … 이다)

16. 5 열대성 폭풍의 중심 위치, 진행방향 및 속도를 알려 달라.

16. 6 (…시 현재) 열대성 폭풍(명칭)의 중심은 …의 위치에 있고 …노트(의 속도)로 …로 진행하고 있다.

16. 7 열대성 폭풍(명칭)은 …시 현재 …의 방향으로 … 노트로 진행하고 있으며 그의 최대풍력/풍속은 … 이다.

17. 예인선

17. 1 본선은 예인선 1척을 요청한다.
본선은 예인선 …척을 요청한다.

17. 2 Must I take tug(s)?

17. 3 How many tugs must I take?

17. 4 You must take … tug(s).

17. 5 At what position will tug(s) meet me ?

17. 6 Tug(s) will meet you at (position …)/(near …) (at … hrs).

17. 7 Tug services *suspended/resumed*.

※ Additional Phrases

17. 8 We will use … tug(s).

17. 9 Stand by to make fast tug (s).

17.10 Make … tug(s) fast *forward/on the bow*.

17.11 Make … tug(s) fast *aft/on the quarter*.

17.12 The forward tug will make fast alongside on the *port/starboard* side.

17.13 The after tug (s) will make fast alongside on the *port/starboard* quarter.

17.14 Make … tug(s) fast on each *bow/quarter*.

17.15 The tug will *pull/push*.

17.16 Use the *ship's/tug's* lines.

17. 2 본선은 예인선을 사용해야 하는가?

17. 3 예인선 몇 척을 본선이 사용해야 하는가?

17. 4 귀선은 예인선 … 척을 사용하라.

17. 5 본선은 예인선과 어느 위치에서 만나게 되는가?

17. 6 예인선은 귀선과 (…시에) (…의 위치에서)/(…의 부근에서) 만날 것이다.

17. 7 예인선업무는 중지되었다/재개되었다.

※ 추가 용어

17. 8 본선은 …척의 예인선을 사용하겠다.

17. 9 예인선을 고박시킬(묶을) 준비를 하라.

17.10 … 예인선을 선수/선수부에 고박시켜라.

17.11 …예인선을 선미/쿼터에 고박시켜라.

17.12 선수부 예인선은 좌현/우현 측에 나란히 고박시키겠다.

17.13 선미부 예인선은 좌현/우현 쿼터에 나란히 고박시키겠다.

17.14 …척의 예인선을 각각 선수/쿼터에 고박시켜라.

17.15 예인선은 당길 것이다/밀 것이다.

17.16 배/예인선의 줄을 사용하라.

17.17 Use the *centre/panama* lead.

17.18 Use the *fair lead/panama lead* on the *port/starboard* side *amidships/port/starboard/bow/quarter.*

17.19 Send two lines to the tug.

17.20 Send a heaving line to the tug.

17.21 Lower the line to the *tug/water.*

17.22 Slack away the tow line.

17.23 Make fast the tow line.

17.24 Put/do not put the eye of the tow line on the bitts.

17.25 Stand well clear of the tow line.

17.26 Stand by to let go the tug(s).

17.27 Let go the tug(s).

18. Way Points/Reporting Points/C.I.P

18. 1 (Vessel indicated) I am at Way Point …
(Vessel indicated) I am approaching Way Point …

18. 2 (Vessel indicated) You are approaching Way Point …

18. 3 Report at next way point/position …

17.17 센터리드/파나마 리드(초크)를 사용하라.

17.18 좌현/우현 쪽의 중앙부/좌현/우현 선수/쿼터에 페어리드/파나마 리드를 사용하라.

17.19 두 개의 줄을 예인선으로 보내라.

17.20 한 개의 히빙 라인을 예인선으로 보내라.

17.21 줄을 예인선/수면으로 내려라.

17.22 예인밧줄을 늦춰라.

17.23 예인밧줄을 고박시켜라.

17.24 예인밧줄의 아이(고리)를 비트에 걸어라/걸지 마라.

17.25 예인줄을 벗어나서 위치하라.

17.26 예인선을 놓을(풀) 준비를 하라.

17.27 예인선을 놓아라.

18. 웨이 포인트/리포팅/C.I.P(콜링 인 포인트)

18. 1 (지정선박)본선은 …보고 지점(웨이 포인트)에 있다.
(지정선박)본선은 …보고 지점으로 접근하고 있다.

18. 2 (지정선박)귀선은 …보고 지점으로 접근하고 있다.

18. 3 다음 보고 지점/위치 …에서 보고하라.

18. 4 Vessel … has reported at …

18. 5 You must arrive at … at … hrs.

19. Weather

19. 1 What is the weather forecast (for area …)?

19. 2 What is the wind direction and *force/speed* (in area …)?

19. 3 Wind direction and *force/speed* at … is …

19. 4 Is the wind expected to change?

19. 5 The wind is *backing/veering* and increasing.
The wind is *backing/veering* and decreasing.

19. 6 Is the wind *force/speed* expected to increase at …?
Is the wind *force/speed* expected to decrease at …?

19. 7 The wind at … will increase to *force/speed* … with the next … hours.
The wind at … will decrease to *force/speed* … within the next … hours.

19. 8 What is the visibility at …?

19. 9 Visibility at … is … *meters/miles.*

19.10 Visibility is reduced by *fog/rain/snow/dust/…*

19.11 Is visibility expected to change ?

18. 4 …은 … 에서 보고했다.

18. 5 귀선은 …시에 …로 도착하라.

19. 날씨

19. 1 (…해역의) 일기예보를 알려 달라.

19. 2 (…해역의) 풍향과 풍력/풍속을 알려 달라.

19. 3 …에서의 풍향과 풍력/풍속은 …이다.

19. 4 바람이 변할 것 같온기?

19. 5 바람은 역전/순전하연서 강해지고 있다.
바람은 역전/순전하면서 약해지고 있다.

19. 6 …에서의 풍력/풍속이 강해질 것 같은가?
…에서의 중력/풍속이 약해질 것 같은가?

19. 7 …에서는 앞으로 바람이 …시간 이내에 풍력/풍속이 …까지 강해질 듯하다.
…에서는 앞으로 바람이 …시간 이내에 풍력/풍속이 …까지 약해질 듯하다.

19. 8 …에서는 시정이 어떠한가?

19. 9 …에서는 시정이 …미터/마일이다.

19.10 시정은 안개/비/눈/먼지/…때문에 나빠지고 있다.

19.11 시정이 변할 것 같은가?

19.12 Visibility is expected to increase to …*meters/miles in/by* …*hours*.
Visibility is expected to decrease to …*meters/miles in/by* … *hours*.

19.13 What is the state of the sea at …?

19.14 There is a *sea/swell* of height … *meters/feet* from …

19.15 Are sea conditions expected to change within the next … hours ?

19.16 *Sea/Swell* is expected to increase within the next … hours.
Sea/Swell is expected to decrease within the next … hours.

19.17 Can icing be expected at … ?

19.18 Icing may be expected to form *slightly/moderately/severely/very severely/* … at …

19.19 Icing should not be expected at …

19.20 Are there any … warnings in operation for … ?

19.21 A warning of *gales/storms* was issued at … hours starting …

19.22 What is the latest information about storm … ?

CHAPTER 3 – SPECIAL

20. Fishing

20. 1 Navigate with caution small fishing boats are within … miles of me.

19.12 시정은 …시간 이후는/…시까지는…미터/마일까지 좋아질 듯하다.
시정은 …시간 이후는/…시까지는 …미터/마일까지 나빠질 듯하다.

19.13 …의 해면 상태를 알려 달라.

19.14 …에서 높이 …미터/피트 되는 파도/너울이 있다.

19.15 앞으로 …시간 이내로 해면상태가 변할 듯 한가?

19.16 파도/너울은 앞으로 …시간 이내에 높아질 듯하다.
파도/너울은 앞으로 …시간 이내에 약해질 듯하다.

19.17 …에서 결빙될 것 같은가?

19.18 …에서는 결빙이 가볍게/제법/심하게/매우 심하게 생길 듯하다.

19.19 …에서는 결빙이 예상되지 않는다.

19.20 …에 대하여 발령되어 있는 … 경보가 있는가?

19.21 …에 발령된 강풍/폭풍 경보가 …시에 발표되었다.

19.22 폭풍 …에 관한 최신의 정보를 알려 달라.

제 3 장 특수

20. 어로

20. 1 본선에서 … 마일 이내에 작은 어선들이 있다. 주의하여 항행하라.

20. 2 Is there fishing gear ahead of me?

20. 3 You are heading towards fishing gear.

20. 4 There are nets with buoys in this area.

20. 5 Fishing gear has fouled my propeller.

20. 6 You have caught my fishing gear.

20. 7 Advise you recover your fishing gear.

20. 8 Fishing in this area is prohibited.

20. 9 You are approaching a prohibited fishing area.

21. Helicopters

21. 1 Vessel … ready for helicopter.

21. 2 (Vessel …) helicopter now proceeding to you.

21. 3 My course and speed is … degrees … knots.

21. 4 Identify yourself (by method indicated)

21. 5 (Vessel …) I am now making identification signal.

21. 6 You are identified.

21. 7 Present relative wind direction and force is … degrees …

20. 2 본선 전방에 어구가 있는가?

20. 3 귀선은 어구를 향하여 항진하고 있다.

20. 4 이 해역에는 부표가 달린 그물이 있다.

20. 5 어구가 본선의 프로펠러에 엉켰다.

20. 6 귀선은 본선의 어구에 걸려 있다.

20. 7 귀선의 어구를 복구하도록 권고한다.

20. 8 이 해역에서는 어로가 금지되어 있다.

20. 9 귀선은 어로금지구역으로 접근하고 있다.

21. 헬리콥터

21. 1 …은 헬리콥터를 받아들일 준비가 되어 있다.

21. 2 (…) 헬리콥터는 지금 귀선으로 향하고 있다.

21. 3 본선의 침로와 속력은 …도, 노트이다.

21. 4 (지시된 방법으로) 귀선을 식별할 수 있도록 표시하라.

21. 5 (…)본선은 지금 식별신호를 보내고 있다.

21. 6 귀선은 식별되었다.

21. 7 현재의 상대풍향과 풍력은 …도이다.

21. 8 Keep the wind on *starboard/port* bow.
Keep the wind on *starboard/port* quarter.

21. 9 Indicate landing point.
Indicate contact point.
* landing point ; Ⓗ
contact point ; ◉

21.10 May I land on deck?

21.11 You may land on deck.

21.12 Do not land on deck.

21.13 Operation will be carried out using hoist.

21.14 Landing party ready to receive you.

21.15 I am landing.
I am commencing operation.

21.16 Do not make fast hoist.

22. Ice-Breakers

If there is more than one vessel being assisted, ice-breaker commands concerning all the vessels in a convoy are to be immediately obeyed and repeated consecutively by each vessel in tum. Icebreaker commands applying to a single vessel in a convoy are repeated by that vessel. When being assisted by an icebreaker it is important to keep a continuous listening watch on the appropriate radiotelephone frequency and to keep a proper lookout for sound and visual signals.

21. 8 우현/좌현 선수로 바람을 받아라.
우현/좌현 쿼터로 바람을 받아라.

21. 9 착륙점을 지시하라.
컨택트 포인트를 지시하라.

(주) 컨택트 포인트는 헬기에서 밧줄을 내라는 지점 등을 말한다.

21.10 갑판에 착륙해도 좋은가?

21.11 (그쪽은) 갑판에 착륙해도 좋다.

21.12 갑판에 착륙하지 말라.

21.13 작업은 권양장치를 사용하여 실시하고 있다.

21.14 상륙원은 그쪽을 받아들일(구조할) 준비가 되어있다.

21.15 본기는 착륙하려고 하고 있다.
본기는 작업을 개시하려고 하고 있다.

21.16 빨리 감아 들이지 말라.

22. 쇄빙선

피 원조선이 2척 이상인 경우에는 호송선단의 모든 선박에 관한 쇄빙선의 명령에 즉시 따라야 하며 각 선박은 순서대로 (그 명령을) 차례차례 반복해야 한다. 쇄빙선의 명령이 선단 가운데의 1척에만 내려진 경우에는 해당 선박만 반복해야 한다.

쇄빙선의 원조를 받고 있을 때에는 적절한 무선전화 주파수로 청취당직을 계속하고, 음향 및 시각 신호에 대하여 적절한 견시를 하는 일이 중요하다.

ICE -BREAKER | ASSISTED VESSEL (S)*

1. Attention

   Attention all vessels.

   Attention vessel …

Attention vessel … listening.*

Attention … (convoy number) listening.*

2. Ice–breaker assistance is now coming.

   (I will arrive in … hours).

Okay. Icebreaker assistance is coming.*

(You will arrive in … hours).*

3. Ice–breaker assistance is now commencing.

   (Keep a continuous radiotelephone listening watch)

   (Your place in the convoy is …)

   (You will be followed by vessel …)

Okay. Icebreaker assistance is now commencing.*

(I am keeping a continuous radio–telephone listening watch)*

(My place in the convoy is …)*

(I will be followed by vessel …)*

4. Go ahead ; (follow me).

I am going ahead (I following you).*

5. Proceed along the ice channel.

I am proceeding along the ice channel.*

6. Do not follow me.

   Stop. – *Reason may be given.*

I will not follow you ; I am stopping.*

쇄빙선 피 원조선*

(이하 상대편에 대한 회신을 *표와 함께 우측 표기)

1. 알린다.
   모든 선박에 알린다.
   …(선명)…에게 알린다.

어텐션 …(선명)…청취*
어텐션 (선단번호)…청취*

2. 쇄빙선은 지금 원조하기 위해 항진하고 있다.
   (본선은 … 시간 이내에 도착한다)

알았다. 쇄빙선은 지금 원조하기 위해 항진하고 있다.*
(귀선은 …시간 이내에 도착한다)*

3. 쇄빙선의 원조를 지금부터 시작한다.
   (무선전화 청수를 위한 당직을 계속하라)
   (호송선단 내의 귀선의 배치는 …이다)
   (귀선 후방에 …(선명)…이 속항한다)

알았다. 쇄빙선의 원조를 지금부터 시작한다.*
(무선전화 청수를 위한 당직을 계속하겠다)*
(호송선단 내의 본선 배치는 …이다)*
(본선 후방에 …(선명)…이 속항한다)*

4. 전진 ; (속항하라).

본선은 전진하고 있다(귀선에 속항하고 있다).*

5. 빙간수로를 항진하라.

본선은 빙간수로를 항진하고 있다.*

6. 본선에 속항하지 말라.
   정지하라. 이유를 말하는 경우도 있음

귀선에 속항하지 않겠다 ; 정지하고 있다.*

7. Do not follow me.

Proceed along the ice channel.

I will not follow you. I will proceed along the ice channel.*

8. Slowdown. – *Reason may be given.*

I am slowing down.*

9. Increase your speed.

Increase your engine power.

–*Reason may be given.*

I am increasing my speed.*

I am increasing my engine power.*

10. Reverse your engine …

(slow astern)

(half astern)

(full astern).

I am reversing my engine.*

(slow astern)*

(half astern)*

(full astern)*

11. Full ahead immediately.

I am going full ahead immediately.*

12. Stop your vessel immediately.

–*Reason may be given.*

I am stopping my vessel immediately.*

7. 본선에 속항하지 말라.
빙간수로를 항진하라.

귀선에 속항하지 않겠다. 본선은 빙간수로를 항진하겠다.*

8. 감속하라. – 이유를 말하는 경우도 있음

본선은 감속하고 있다.*

9. 증속하라.
기관출력을 올려라.
– 이유를 말하는 경우도 있음.

본선은 증속하고 있다.*
본선은 기관출력을 올리고 있다.*

10. 기관을 …으로 역전하라.
(저속후진)
(반속후진)
(전속후진)

본선은 기관을 …으로 역전하고 있다.*
(저속후진)*
(반속후진)*
(전속후진)*

11. 즉시 전진전속하라.

본선은 즉시 전진전속 하겠다.*

12. 귀선은 즉시 정지하라.
–이유를 말하는 경우도 있음.

본선은 즉시 정지하고 있다.*

13. Keep a distance of …*cables/meters* between vessels.

I will keep a distance of … *cables/meters* between vessels.*

14. Shorten the distance between vessels to *cables/meters.*

I am shortening the distance between vessels to … *cables/meters.**

15. Increase the distance between vessels to *cables/meters.*

I am increasing the distance between vessels to … *cables/meters.**

16. Prepare to *receive/cast* off tow line.

I will prepare to *receive/cast off* tow line.*

17. Be ready to *receive/cast off* tow line.

I am ready to *receive/cast off* tow line.*

18. Stop vessel to *receive/cast off* tow line.

I will stop and *receive/cast off* tow line.*

19. Ice–breakers assistance is suspended. Note*

Okay. Ice–breakers assistance is suspended.*

Note: *Reason/time may be given.*

20. Stay where you are.

I will stay where I am.*

21. Switch on *bow/stern* searchlight.

I will switch on *bow/stern* searchlight.*

13. 선박간의 거리를 …케이블/미터로 유지하라.

선박간의 거리를 …케이블/미터로 유지하겠다.*

14. 선박간의 거리를 …케이블/미터로 단축하라.

선박간의 거리를 …케이블 /미터로 단축하고 있다.*

15. 선박간의 거리를 …케이블/미터로 연장하라.

선박간의 거리를 …케이블/미터로 연장하고 있다.*

16. 예인색(예인밧줄)을 받을/놓을 준비를 하라.

예인색을 받을/놓을 준비를 하겠다.*

17. 예인색을 받을/놓을 준비를 갖추어라.

본선은 예인색을 받을/놓을 준비를 갖추었다.*

18. 예인색을 받게/놓게 정선하라.

본선은 정지하여 예인색을 받겠다/놓겠다.*

19. 쇄빙선의 지원을 일시 중단한다. 주*

알았다. 쇄빙선의 지원을 일시 중단한다.*

(주) 이유 / 시간을 말하는 경우도 있다.

20. 귀선은 그 자리에 머물러라.

본선은 이 자리에 머물겠다.*

21. 선수/선미의 탐조등을 켜라.

선수/선미의 탐조등을 켜겠다.*

22. Icebreaker …assistance is finished. Reason …

(There is open water ahead)

(There is light ice condition ahead)

(Proceed by yourself)

(Ice–breaker …will assist you in further navigation)

(Proceed by yourself to an area …)

(Ice–breaker … will meet and escort you).

Thank you. Okay. Icebreaker … assistance is finished.*

Reason …*

(There is open water ahead)*

(There is light ice condition ahead)*

(I will proceed by myself)*

(Ice–breaker … will assist me in further navigation)*

(I am proceeding by myself to an area …)*

(Ice–breaker … will meet and escort me).*

CHAPTER 4–STANDARD WHEEL AND ORDERS

23. Standard Wheel Orders

23. 1 All wheel orders given should be repeated by the helmsman and the officer of the watch should ensure that they are carried out correctly and immediately. All wheel orders should be held until countermanded. The helmsman should report immediately if the vessel does not answer the wheel.

ORDER	MEANING
Midships	Rudder to be held in the fore and aft position
Port five	5° of port rudder to be held
Port ten	10° of port rudder to be held
Port fifteen	15° of port rudder to be held
Port twenty	20° of port rudder to be held

22. 쇄빙선 …(선명)…의 원조를 마친다. 이유는 …이다.
(전방에 얼음이 트여 있는 수역이 있다)
(전방은 결빙상태이다)
(자력으로 항진하라)
(쇄빙선 …(선명)…이 앞으로 귀선의 항행을 원조한다)
(…해역까지 자력으로 항진하라)
(쇄빙선 …(선명)…이 귀선과 만나서 호송한다)

감사하다. 알았다. 쇄빙선 …(선명)…의 원조는 끝났다.*
이유는 …이다.*
(전방에 얼음이 트여 있는 수역이 있다)*
(전방은 결빙상태이다)*
(본선은 자력으로 항진하겠다)*
(쇄빙선 …(선명)…이 앞으로 본선의 항행을 원조한다)*
(본선은 … 해역까지 자력으로 향진하고 있다)*
(쇄빙선 …(선명)…이 본선과 만나서 호송하게 된다).

제 4 장 표준조타 및 기관명령

23. 표준조타명령

23. 1 내려진 모든 조타명령을 조타수는 복창해야 하며 당직사관은 조타명령이 정확하고 신속하게 수행되고 있는지 여부를 확인해야 한다. 모든 조타명령은 철회할 때 까지는 그대로 지켜야 한다. 타효가 없는 경우 조타수는 바로 보고해야 한다.

명 령	의 미
Midships	키를 선수미 선상에 유지하라.
Port five	키를 좌현 5도로 유지하라.
Port ten	키를 좌현 10도로 유지하라.
Port fifteen	키를 좌현 15도로 유지하라.
Port twenty	키를 자현 20도로 유지하라.

ORDER	MEANING
Port twenty–five	25° of port rudder to be held
Hard–a–port	Rudder to be held fully over to port
Starboard five	5° of starboard rudder to be held
Starboard ten	10° of starboard rudder to be held
Starboard fifteen	15° of starboard rudder to be held
Starboard twenty	20° of starboard rudder to be held
Starboard twenty–five	25° of starboard rudder to be held
Hard–a–starboard	Rudder to be held fully over to starboard
Ease to five	Reduce amount of rudder to 5° and hold
Ease to ten	Reduce amount of rudder to 10° and hold
Ease to fifteen	Reduce amount of rudder to 15° and hold
Ease to twenty	Reduce amount of rudder to 20° and hold

* Note : When there is concern that the helmsman is inattentive he should be questioned and respond in accordance with the terminology in Part Ⅲ, sub–paragraphs 5.1 and 5.2 of the Standard Marine Navigational Vocabulary : This is a reminder to the helmsman to mind your helm.

Steady	Reduce swing as rapidly as possible
Steady as she goes	Steer a steady course on the compass heading indicated at the time of the order. The helmsmen is to repeat the order and call out the compass heading on receiving the order. When the ship is steady on that heading, the helmsman is to call out : "steady on……"

23. 2 When the Officer of the Watch requires a course to be steered by compass, the direction in which he wants the wheel turned should be stated and each numeral is to be separately, including zero, for example ;

명 령	의 미
Port twenty–five	키를 좌현 25도로 유지하라.
Hard–a–port	키를 좌현으로 완전히 돌려라.
Starboard five	키를 우현 5도로 유지하라.
Starboard ten	키를 우현 10도로 유지하라.
Starboard fifteen	키를 우현 15도로 유지하라.
Starboard twenty	키를 우현 20도로 유지하라.
Starboard twenty–five	키를 우현 25도로 유지하라.
Hard–a–starboard	키를 우현으로 완전히 돌려라
Ease to five	타각을 5도 줄여서 잡아라(되돌려라)
Ease to ten	타각을 10도 줄여서 잡아라(되돌려라)
Ease to fifteen	타각을 15도 줄여서 잡아라(되돌려라)
Ease to twenty	타각을 20도 줄여서 잡아라(되돌려라)

* 조타수가 부주의하다고 우려될 때에는 제 Ⅲ부 5.1 및 5.2항의 용어를 사용하여 조타수에게 질문을 하고 응답을 하게 해야 한다. 이것은 조타수에게 조타명령을 지키도록 일깨워주기 위한 주의이다.
  5.1 What is your course?
  5.2 My course is ...

Steady	가능한 한 신속히 선회를 줄여라
Steady as she goes	이 명령이 내린 때에 컴퍼스가 지시하는 침로를 유지하여 조타하라. 조타수는 명령을 복창하고, 그때의 침로를 보고한다. 선박이 그 침로로 정침이 되면 조타수는 "스테이 온 ……" 이라고 보고한다.

23. 2 당직항해사가 컴퍼스로 조타해야 할 침로를 명령코자 할 때에는 타륜을 회전시킬 방향을 먼저 지시하고, 각 숫자를 0까지 포함하여 하나씩 말해야 한다. 예를 들면,

ORDER	COURSE TO BE STEERED
"Port, steer one eight two"	182°
"Starboard, steer zero eight two"	082°
"Port, steer three zero five"	305°

23. 3 On receipt of an order to steer 182° the helmsman should repeat it and bring the ship round steadily to the course ordered. When the ship is steady on the course ordered, the helmsman is to call out "Steady on one eight two". The person giving the order should acknowledge the helmsman's call out.

23. 4 If it is desired to steer on a selected mark the helmsman should be ordered to "Steer on··· buoy··· (mark)··· (beacon)". The helmsman should repeat the order and when steady on the mark should call out "Steady on··· buoy··· (mark)··· (beacon)" The person giving the order should acknowledge the helmsman's call out.

24. Standard Engine Orders

24. 1 Any engine order given should be repeated by the person operating the bridge telegraph(s) and the Officer of the Watch should ensure the order is carried out correctly and immediately.

ORDER	MEANING (See Note)
Full ahead	Maximum maneuvering engine revolution for ahead propulsion
Half ahead	Revolutions as indicated in ship's orders
Slow ahead	Revolutions as indicated in ship's orders
Dead slow ahead	Revolutions as indicated in ship's orders
Stop engine(s)	No engine revolutions
Dead slow astern	Revolutions as indicated in ship's orders
Slow astern	Revolutions as indicated in ship's orders
Half astern	Revolutions as indicated in ship's orders
Full astern	Revolutions as indicated in ship's orders

명 령	조타해야 할(변침해야 할) 침로
"Port, steer one eight two"	182°
"Starboard, steer zero eight two"	082°
"Port, steer three zero five"	305°

23. 3 조타수는 182도로 조타하라는 명령을 받는 즉시 그 명령을 복창하고, 배를 선회시켜 명령된 침로에 정침시켜야 한다. 명령된 침로에 정침되면 조타수는 "Steady on one eight two" 라고 보고해야 한다. 명령을 내린 사람은 조타수의 보고를 확인해야 한다.

23. 4 선정한 물표에 의해서 조타하는 것이 바람직한 경우에는 조타수에게 "Steer on …buoy …(mark) …(beacon)" 라고 명령해야 한다. 조타수는 그 명령을 복창하고, 선수가 그 물표에 향한 때에 "Steady on … buoy … (mark) … (beacon)" 라고 보고 해야 한다. 명령을 내린 사람은 조타수의 보고를 확인해야 한다.

24. 표준기관명령

24. 1 선교의 텔레그래프를 작동하는 사람은 명령된 모든 기관명령을 복창해야 하고 또한 당직항해사는 그 명령이 정확하고 신속하게 수행되었는지를 확인해야 한다.

명 령	의 미(주 참조*)
전진전속	전진을 위한 최대 조종기관 회전수
전진반속	선내의 기준에 따라 규정된 회전수
전진미속	선내의 기준에 따라 규정된 회전수
전진극미속	선내의 기준에 따라 규정된 회전수
기관정지	기관의 회전 없음
후진극미속	선내의 기준에 따라 규정된 회전수
후진미속	선내의 기준에 따라 규정된 회전수
후진반속	선내의 기준에 따라 규정된 회전수
후진전속	선내의 기준에 따라 규정된 회전수

Stand by engines	Engine room personnel fully ready to manoeuvre and bridge manned with personnel to relay engine orders.

24. 2 In ships fitted with twin propellers, the word "both" should be added to all orders affecting both shafts, e.g. "Full ahead both," and "Slow astern both", except that the words "Stop all engines" should be used, when appropriate. When required to manoeuvre twin propellers independently, this should be indicated, i. e. "Full ahead starboard", "Half astern port", etc.

24. 3 Where bow thrusters are used, the following orders are used :

ORDER	MEANING
Bow thrust full(half) to port	Ships's head to move to port with power as specified
Bow thrust full(half) to starboard	Ship's head to move to starboard with power as specified
Stern thrust full(half) to port	Ships's stern to move to port with power as specified
Stern thrust full(half) to starboard	Ship's stern to move to starboard with power as specified
Bow(Stern) thrust stop	No bow(stern) thrust revolutions

Note : For vessels with variable pitch propellers, the meaning of the order would include the combination of pitch and revolutions as indicated in ship's orders.

※ 25. Propulsion System

25. 1 Is the engine a diesel/steam/turbine/nuclear / gas turbine?

25. 2 Is extra power available in emergency while maneuvering?

25. 3 Is the engine room manned or on bridge control?

기관준비	기관실에서는 기관운전을 위해서 인원이 완전히 배치되고, 선교에서는 기관명령을 전달하기 위해서 인원이 배치되는 것.

24. 2 쌍프로펠러선의 경우 두 프로펠러를 동시에 사용할 때에는 “both(양현)” 라는 말을 모든 기관명령에 덧붙여야 한다. 예컨대, “Full ahead both" “Slow astern both" 등과 같다. 단, 적절한 경우 “Stop all engines" 라는 말을 사용하는 때는 제외한다. 두 프로펠러를 각각 별도로 사용해야 할 경우에는 이 사실을 지시해야 한다. 예를 들어, “Full ahead starboard,” “Half astern port,” 등과 같다.

24. 3. 선수 스러스터를 사용하는 경우의 명령은 다음과 같다.

명 령	MEANING
선수 스러스터 전속(반속) 좌현으로	지시된 출력으로 선수를 좌현으로 선회시킴.
선수 스러스터 전속(반속) 우현으로	지시된 출력으로 선수를 우현으로 선회시킴.
선미 스러스터 전속(반속) 좌현으로	지시된 출력으로 선미를 좌현으로 선회시킴.
선수 스러스터 전속(반속) 우현으로	지시된 출력으로 선미를 우현으로 선회시킴.
선수(선미) 스러스터 정지	선수(선미) 스러스터 회전정지

㈜ 가변피치 프로펠러를 달고 있는 선박의 경우에는 이 명령의 의미는 피치와 선내의 기준에 따라 규정된 회전수를 결합시킨 것을 포함한 것으로 한다.

※ 25. 추진계통

25. 1 기관은 디젤/중기/터빈/원자/가스터빈인가?

25. 2 조종 중에 비상여분출력 이용이 가능한가?

25. 3 기관실은 인력에 의한 것인가, 선교제어에 의한 것인가?

25. 4 How long does it take to change the engine from ahead to astern?

25. 5 How long does it take to start the engine from stopped?

25. 6 Is it a controllable pitch propeller?

25. 7 Is it a right or left hand propeller?

25. 8 Is she single/twin screw?

25. 9 Are there bow/stern thrusters?

25.10 What is the maximum maneuvering power ahead/astern?

25.11 What are the maximum revolutions ahead/astern?

25.12 What is the maximum power ahead/astern in emergency?

25.13 What are the advance and transfer distances in a crash stop?

25.14 Do the (twin) propellers turn inboard/outboard when going ahead?

25. 4 전진에서 후진으로 기관을 전환하는 데 얼마나 걸리는가?

25. 5 기관이 정지된 상태에서 시동하는 데 얼마나 걸리는가?

25. 6 가변 피치 추진기인가?

25. 7 오른쪽 또는 왼쪽 방향 회전의 추진기인가?

25. 8 배는 단축선(1축선)/쌍축선인가?

25. 9 선수/선미 스러스터가 있는가?

25.10 전진/후진 최대조종출력은 얼마인가?

25.11 전진/후진 최대회전수는 얼마인가?

25.12 비상시의 전진/후진 최대출력은 얼마인가?

25.13 급정지시의 종거 및 횡거는 얼마인가?

25.14 본선 전진 시 (쌍프로펠러선) 프로펠러는 내선식/외선식인가?

II. 회화 편

[일러두기]
표준해사항해용어를 상황에 따라 실제 교신하는 내용으로 편성한 교육용 교본을 수록한 것으로, 런던의 해양대학교수진의 협조를 얻어 교재로 편집된 것이다. 이곳에 등장하는 선명, 지명 등은 모두 가상의 것이다.

유토피아(Utopia)라는 가상의 선박이 Newharbour 항에서 Avonport 항으로 세계반주(half way round the world) 항해를 떠나 최종적으로 남국의 천연 미항 Port Aloahoa에 도달하는 줄거리로, 항해 중 일어날 수 있는 다양한 상황으로 구성되어 있다.

IMO 표준항해용어 통신실무회화집

이 회화집은 IMO의 표준항해용어를 사용하여 VHF(Very High Frequency, 30~300MHz)로 전화교신을 할 경우의 연습용으로, 영국 상무성(Department of Trade)에서 편집하였다. 용어집을 통해 훈련된 실력을 바탕으로 이 회화집을 학습해 나가면 더욱 큰 효과를 얻을 수 있을 것이다.

1. Ready to sail

The Vessel *Utopia* is getting ready to sail from *Newharbour* to *Avonport*, the first leg of a voyage that is going to take her half way round the world, using *the Standard Marine Vocabulary* throughout.

Utopia forward station, *Utopia* aft station, this is *Utopia* bridge.
How do you read me?

Utopia bridge, this is *Utopia* forward station.
I read you with signal strength *5*.

Utopia bridge, this is *Utopia* aft station.
I read you with signal strength *5*.

Utopia forward station, single up forward to head line and spring.

I will single up.

Utopia aft station, single up aft to breast line and stern buoy line, take tug's towing line to capstan, then make fast on starboard quarter.

I will single up and make tug fast.

Utopia, singled up forward.

Utopia, singled up aft. Tug fast.

Utopia, let go fore and aft.

Utopia forward station, let go.

Utopia aft station, let go.

2. Proceeding Down River

Utopia now clears the berth and proceeds down river.
The pilot, now on board *Utopia*, calls up his pilot station.

Newharbour Pilot Station, this is Utopia, channel *6*. Over.

Utopia, *Newharbour* Pilot Station, channel *6*. Over.

Newharbour pilot Station, this is *Utopia*. I am under way. My destination is *Avonport*. My ETA at pilot is *2200* hours local time. My draught forward is *6.5* metres and my draught aft is *7.2* metres. I have a list to *port* of 1 degree. Over.

1. 항해준비

유토피아 호는 세계반주항해의 첫 항해인 *뉴하버*에서 *에이븐포트*로 향한 출항준비를 하고 있다. 항행중에는 계속 ***표준항해용어***를 사용한다.

유토피아 선수부서, *유토피아* 선미부서, 여기는 *유토피아* 선교,
그쪽의 감도는?

유토피아 신교, 여기는 *유토피아* 신수부서.
그쪽의 감도는 *5 (매우 강함)* 입니다.
유토피아 선교, 여기는 *유토피아* 선미부서.
그쪽의 감도는 *5* 입니다.

유토피아 선수부서, 선수는 헤드라인과 스프링을 남기고 싱글 업으로 하라.

싱글 업으로 하겠습니다.

유토피아 선미부서, 선미는 브레스트 라인과 선미 부이 라인을 남기고 싱글 업하라.
예인선의 토잉 라인을 캡스턴에 걸고 우현선미에 붙들어 매어라.

싱글 업으로 하고 예인선을 붙들어 매겠습니다.
유토피아, 선수를 싱글 업 하였습니다.
유토피아, 선미를 싱글 업 하였습니다. 예인선을 고정시켰습니다.

유토피아, 선수, 선미부 렛고(밧줄을 풀어주시오)

유토피아 선수부서, 밧줄을 풀었습니다.
유토피아 선미부서, 밧줄을 풀었습니다.

2. 하천하행

유토피아 호는 정박지를 막 떠나 강을 내려간다.
도선사는 이미 *유토피아* 호에 승선하여 파일럿 스테이션을 호출한다.

뉴하버 파일럿 스테이션, 여기는 *유토피아*호, 채널 *6* 입니다. 오버.

유토피아, 여기는 *뉴하버* 파일럿 스테이션, 채널 *6* 입니다. 오버.

뉴하버 파일럿 스테이션, 여기는 *유토피아*, 이쪽은 항행중입니다. 목적지는 *에이븐포트* 업니다. 이쪽의 파일럿 스테이션 도착예정시각은 *2200* 지방시입니다. 선수흘수 *6.5* 미터, 선미흘수 *7.2*미터입니다. 좌현으로 *1*도 경사되어 있습니다. 오버.

Utopia, this is *Newharbour* Pilot. Stand by on channel *16*. Out.

Attention all vessels. This is *Newharbour*.

Navigational information follows on channel *12*.

Visibility is reduced by fog.

Visibility at No. *1* buoy is *2000* meters.

Visibility is expected to decrease to *1000* meters in one hour.

There are salvage operations in position, *south* side of fairway at *Fishhaven*. Vessels must navigate with caution.

Utopia, this is *Newharbour*, channel *12*. Over.

Newharbour, this is *Utopia*, channel *12*. Over.

Utopia, this is *Newharbour*.

Vessel *Gargantua* will turn at the refinery quay, ahead of you.

You must stay clear of the fairway.

Newharbour, this is *Utopia*. I am proceeding at reduced speed. I will wait for *Gargantua* to clear before entering fairway.

3. Aground

Newharbour, this is *Gargantua*, I am aground.

Gargantua, this is *Newharbour*, your message understood, out.

Attention all vessels, this is *Newharbour* Radio.

Vessel *Gargantua* is aground in position *180* degrees, *1* cable from *Fishhaven*, No. *1* buoy.

Navigation is closed in area *1* mile upstream, *1* mile downstream *Fishhaven*.

Radio telephone conversations interrupted by:

Attention. Attention. This is *Newharbour* Radio.

You must keep radio silence in this area on channel *16*, unless you have messages about the casualty.

Utopia, this is *Newharbour*. Over.

Newharbour, this is *Utopia*. Over.

유토피아, 여기는 *뉴하버* 파일럿, 채널 *16*으로 기다려 주십시오. 아웃.

모든 선박국에게 알립니다. 여기는 *뉴하버*.

채널 *12*로 항행통보를 송신합니다.

안개 때문에 시계가 악화되었습니다.

제*1*호 부표에서는 시정이 *2,000* 미터입니다.

시정은 1시간 후에는 *1,000* 미터까지 감소될 것으로 예상합니다.

*피쉬헤이븐*의 항로 *남*쪽에서 침선 인양(구조)작업을 하고 있습니다.

모든 선박은 주의하여 항행하시기 바랍니다.

유토피아, 여기는 *뉴하버*, 채널 *12*로 송신합니다. 오버.

뉴하버, 여기는 *유토피아*, 채널 *12*입니다. 오버.

유토피아, 여기는 *뉴하버*,

가갠튜어 호가 귀선 전방에 있는 제련소 안벽쪽에서 선회할 것입니다.

귀선은 항로를 벗어나 기다려 주십시오.

뉴하버, 여기는 *유토피아*, 이쪽은 감속하여 항진 중입니다. 항로로 들어가기 전에 *가갠튜어* 호가 벗어날 때까지 기다리겠습니다.

3. 좌초

뉴하버, 여기는 *가갠튜어*, 본선은 좌초했습니다.

가갠튜어, 여기는 *뉴하버*. 귀선의 통보를 알았습니다. 아웃.

모든 선박국에게 알립니다. 여기는 *뉴하버* 무선국.

가갠튜어 호가 *피쉬헤이븐* 제*1*호 부표에서 *180*도

1 케이블의 지점에서 좌초했습니다.

*피쉬헤이븐*의 상류 1마일, 하류 *1* 마일의 수역에서는

항행이 폐쇄되어 있습니다.

무선전화의 회화가 중단되었다:

모든 선박국에게 알립니다. 여기는 *뉴하버* 무선국.

사고에 관한 통보 이외는 이 수역에서

채널 *16*으로 하는 통신은 중지하여 주십시오.

유토피아, 여기는 *뉴하버*. 오버.

뉴하버, 여기는 *유토피아*. 오버.

Utopia, it is dangerous to approach *Gargantua*.
You must anchor. Anchor position *1* mile upstream from *Fishhaven* has been allocated to you.
Anchor *north* of the fairway.

Newharbour, this is *Utopia*, I will anchor. Out.

Gargantua, this is *Newharbour*.
I will send more tugs at once.
You must move as soon as possible.
You are obstructing other traffic.

Utopia anchors, while tugs come to help *Gargantua*.
Gradually the tide rises and soon *Gargantua* floats free, completes her manoeuvre with the help of the tugs and is standing by in the fairway.

Newharbour, this is *Gargantua*. Assistance is no longer required.

Gargantua, say again.

Newharbour, this is *Gargantua*. Assistance is no longer required.
Is there sufficient depth of water for me to proceed to berth now? Over.

Gargantua, this is *Newharbour*. Yes there is sufficient depth of water.
Attention all vessels. *Gargantua* now clear of fairway.
You may proceed.

Utopia, this is *Newharbour*. Fairway is clear.

Newharbour, this is *Utopia*, I am heaving up anchor.
May I proceed? Over.

Utopia, this is *Newharbour*. You may proceed. Over.

Newharbour, this is *Utopia*. Is there any other traffic?

Utopia, vessel *Nonsuch* inward in position *Northend* pier,
vessel *Zoologist* outward in position No. *3* buoy.
Fairway speed is *8* knots. Do not overtake. Over.

Newharbour, this is *Utopia*. I will proceed.

Utopia now proceeds seawards through the *Lees* Channel

유토피아, *가갠튜어*로 접근하면 위험합니다.
귀선은 묘박하십시오. *피쉬헤이븐*에서 상류 *1*마일의
묘박지가 귀선에게 할당되어 있습니다.
항로 *북*쪽에서 묘박하십시오.

뉴하버, 여기는 *유토피아*. 본선은 묘박했습니다. 아웃.

가갠튜어, 여기는 *뉴하버*.
이곳에서 즉시 예인선을 더 보내겠습니다.
귀선은 가능한 한 신속히 움직여 주십시오.
귀선은 타선의 통항을 방해하고 있습니다.

유토피아 호는 묘박하고, 한편으로는 예인선이 *가갠튜어* 호를 구조하러 간다. 차차 조수가 불어나서 이윽고 *가갠튜어* 호는 이주하여 예인선의 도움을 받아 조선을 마쳤으며 항로에서 대기하고 있다.

뉴하버, 여기는 *가갠튜어*. 지원은 더 필요 없게 되었습니다.

가갠튜어, 다시 송신해 주십시오.

뉴하버, 여기는 *가갠튜어*. 지원은 더 필요 없게 되었습니다.
지금 정박지로 항진하려는데 본선에게 수심은 충분하겠습니까? 오버.

가갠튜어, 여기는 *뉴하버*. 예, 수심은 충분합니다.
각 선박의 무선국에게 알립니다. *가갠튜어*는 항로를 벗어났습니다.
각 선박은 항행해도 좋습니다.

유토피아, 여기는 *뉴하버*. 항로가 비었습니다.

뉴하버, 여기는 *유토피아*. 이쪽은 닻을 감아올리고 있습니다.
항행해도 되겠습니까? 오버.

유토피아, 여기는 *뉴하버*. 귀선은 항행해도 좋습니다. 오버.

뉴하버, 여기는 *유토피아*. 다른 선박이 통항하고 있습니까?

유토피아, *논서취* 호가 *노드엔드* 부두 지점에서 입항중이고,
줄로지스트 호가 제*3*호 부표 지점을 출항중입니다.
항로의 제한속력은 *8*노트입니다. 추월하지 마십시오. 오버.

뉴하버, 여기는 *유토피아*. 본선은 항행하겠습니다.

유토피아 호는 지금 *리즈* 수로를 따라 바다로 항진한다.

Newharbour Pilot Station, this is *Utopia*. Over.

Utopia, this is *Newharbour* Pilot. Change to channel *9*.

Newharbour Pilot, this is *Utopia*. Changing to channel *9*.

Newharbour Pilot. Is the pilot boat on station? Over.

Utopia, Yes, pilot boat is on station. Pilot boat is approaching your vessel. You must rig pilot ladder on port side.

Newharbour Pilot, this is *Utopia*. Pilot ladder is rigged on *port* side.

4. Distress Message

The pilot leaves *Utopia*. Later in the day, the following message is heard.

Mayday relay. Mayday relay. Mayday relay.

All vessels. This is *Southpoint* Radio. Following received from yacht *Iolande*.

I need help. I am sinking. My position is *160* degrees *4* miles from *Barwater* pier.

Southpoint, this is *Utopia*. What is the position of vessel in distress? Say again. Over.

Utopia, this is *Southpoint*. *160* degrees
6 miles from *Barwater* pier. Correction;
160 degrees *4* miles from *Barwater* pier. Over.

Iolande, Iolande, this is *Utopia, Utopia*.

Utopia, this is *Iolande*. Over.

Iolande, I read you with signal strength *1*. Advise try channel *6*. Over.

Message from *Iolande* in *foreign language*.

Iolande, I cannot understand your language. Please use *the Standard Marine Vocabulary*. I am coming to your assistance. I expect to reach you at *1900* hours zone time. Out.

Southpoint, this is *Utopia*. I have sighted *Iolande*. I am in position *162* degrees *4* miles from *Barwater* pier. Over.

뉴하버 파일럿 스테이션, 여기는 ***유토피아***. 오버.

유토피아, 여기는 ***뉴하버*** 파일럿, 채널 ***9***로 변경하십시오.

뉴하버 파일럿, 여기는 ***유토피아***. 채널 ***9***로 변경합니다.

뉴하버 파일럿, 도선사 보트가 배치되어 있습니까? 오버.

유토피아, 예, 도선사 보트가 배치되어 있습니다. 도선사 보트는 귀선으로 접근중 입니다. 도선사 래더를 좌현에 준비해 주십시오.

뉴하버 파일럿, 여기는 ***유토피아***. 도선사 래더는 ***좌***현에 준비되어 있습니다.

4. 조난통보

도선사는 ***유토피아*** 호를 떠난다. 그날 늦게 다음과 같은 통보가 청취되었다.

메이데이 릴레이(조난중계). 메이데이 릴레이. 메이데이 릴레이.

모든 선박에게 알린다. 여기는 ***사우드포인트*** 무선국. 요트 ***아이올랜디*** 호로부터 다음과 같은 내용을 수신했습니다.

본선은 구조를 요한다. 본선은 침몰중이다. 본선의 위치는 ***바워터*** 부두에서 ***160***도 ***4*** 마일이다.

사우드포인트, 여기는 ***유토피아***. 조난 선박의 위치는 어디입니까? 다시 송신해 주십시오. 오버.

유토피아, 여기는 ***사우드포인트***. ***바워터*** 부두에서 ***160***도 ***6***마일입니다. 정정합니다. ***바워터*** 잔교에서 ***160***도 ***4***마일입니다. 오버.

아이올랜디, ***아이올랜디***, 여기는 ***유토피아***, ***유토피아***.

유토피아, 여기는 ***아이올랜디***. 오버.

아이올랜디, 이쪽의 감도는 ***1(거의 느껴지지 않음)***입니다. 채널 ***6***으로 송신해 보십시오. 오버.

아이올랜디 호에서 ***외국어***로 통보받는다.

아이올랜디, 이쪽은 귀선의 말을 알아들을 수 없습니다. ***표준항해용어***를 사용해주십시오. 이쪽은 귀선을 구조하러 가고 있습니다. 귀선에는 경대시로 ***1900***시에 도착 예정입니다.

사우드포인트, 여기는 ***유토피아***. ***아이올랜디***호를 발견했습니다. 이쪽의 위치는 ***바워터*** 부두에서 ***162***도 ***4***마일입니다. 오버.

5. Search and Rescue Operations

Utopia, this is *Southpoint*.
Please take command of search and rescue.

Southpoint, this is *Utopia*. I am in command of search and rescue. Out.

Iolande. Is it safe to fire a rocket? Over.

Utopia, this is *Iolande*. It is not safe to fire *a* rocket.
Please send a boat.
Make a *lee* for me. Over.

Attention, attention, all vessels. This is *Southpoint* Radio. Vessels are advised to keep clear of sea area *Quakesands*. Search and rescue in operation *160* degrees *4* miles from *Barwater* pier.

Iolande, I will make a *lee* for you. I am sending *a* boat to you.

Southpoint, this is *Utopia*. I have *eight* survivors on board. Request helicopter for casualties. There is a derelict adrift in position *170* degrees *4.5* miles from *Barwater* pier, at *2000* hours zone time. Over.

Southpoint now terminates the distress by repeating *Utopia's* signal to all vessels and resuming normal working. *Southpoint* also make contact with the local naval helicopter station, and they agree at once to send a search and rescue helicopter with a doctor to look after the casualties.

Utopia, this is *Southpoint*.
What is the visibility at your position?
What is the wind direction and force? Over.

Southpoint, this is *Utopia*. Visibility at my position is *2.5* miles. Wind direction and force is *southwest* force *5*. Over.

Helicopter now proceeding to you. Stand by on channel *16*.
Vessel *Utopia*, ready for helicopter?

Helicopter, this is *Utopia*. Ready for helicopter. My course and speed is *190* degrees, *16* knots. Over.

Utopia, this is helicopter.
Identify yourself by directing signal lamp at me. Over.

5. 수색 구조 작업

유토피아, 여기는 *사우드포인트*.

수색구조를 지휘하십시오.

사우드포인트, 여기는 *유토피아*. 수색 구조를 지휘하고 있습니다. 아웃.

아이올랜디, 로켓을 발사해도 안전하겠습니까? 오버.

유토피아, 여기는 *아이올랜디*. 로켓 발사는 위험합니다.

보트 *1*척을 보내어 주십시오.

귀선은 본선의 풍상 쪽으로 돌아가 주십시오. 오버.

모든 선박에게 알립니다. 여기는 *사우드포인트* 무선국. 모든 선박은 *퀘이크샌즈* 부근의 해역에 접근하지 말도록 권고합니다. *바워터* 부두에서 *160*도 *4*마일의 지점에서 수색·구조 작업 중입니다.

아이올랜디, 본선은 *풍상* 쪽으로 돌아갑니다. 귀선에게 보트 *1*척을 보내려고 합니다.

사우드포인트, 여기는 *유토피아*. 본선에는 생존자가 *8*명이 있습니다. 부상자를 위한 헬리콥터를 요청합니다. 경대시 *2000*시에 *바워터* 부두에서 *170*도 *4.5*마일의 지점에서 유기선이 표류하고 있습니다. 오버.

*사우드포인트*는 *유토피아* 호의 통신을 각 선박에게 반복하여 조난통보를 마치고 통상업무를 재개하고 있다. *사우드포인트*는 또한 그 지역 해군 헬리콥터 기지와 연락하고, 그 기지는 부상자를 치료할 의사를 탑승시켜서 수색·구조용 헬리콥터 파견에 즉시 동의한다.

유토피아, 여기는 *사우드포인트*.

귀선의 위치에서 시계는 어느 정도입니까?

풍향과 풍력은 어떻습니까? 오버.

사우드포인트, 여기는 *유토피아*. 본선의 위치에서 시계는 *2.5* 마일입니다. 풍향과 풍력은 *남서*풍이고 풍력 *5*입니다. 오버.

헬리콥터가 지금 귀선으로 비행중입니다. 채널 *16*으로 대기하십시오.

유토피아(선박국), 헬리콥터를 받아들일 준비는 되어 있습니까?

헬리콥터, 여기는 *유토피아*. 헬리콥터를 받아들일 준비는 되어 있습니다. 본선의 침로와 속력은 *190*도, *16*노트입니다.

유토피아, 여기는 헬리콥터.

귀선을 식별할 수 있도록 이쪽으로 신호등을 비추어 주십시오. 오버.

Helicopter, this is *Utopia*. I am now making identification signal. Over.

Utopia, this is helicopter. You are identified. Over.

Helicopter, this is *Utopia*. Present relative wind direction and speed *030* degrees on *port* bow, *35* knots. Over.

Utopia, indicate contact point. Over.

I will indicate contact point. Landing party ready to receive you. I will keep the wind on *port* bow. Over.

I am commencing operation now.

After a successful operation on which the casualties ate evacuated, the helicopter flies away, and *Utopia* makes the following message:

Southpoint, this is *Utopia*. Operation complete. Survivors flown off by helicopter. Assistance is no longer required. I am proceeding. Out.

6. Entering the Strait

Utopia is now entering the *St. Nicholas* Strait. In the Strait there is an IMCO traffic separation scheme, and this is covered by a radio information service. *Utopia*'s radar has broken down.

St. Nicholas Strait Information Service, this is *Utopia*. Over.

Utopia, this is *St. Nicholas* Strait Information Service.

Change to channel *14*.

St. Nicholas Strait Information Service, this is *Utopia*. My radar is not working. Is visibility expected to change? Is it clear for me to enter traffic lane?
My estimated position is *090* degrees *3* miles from *Elephant Head*. Over.

Utopia, this is *St. Nicholas* Strait.

You must alter course for identification.

St. Nicholas Strait, this is *Utopia*. I will alter course. I have altered course to *245* degrees for identification. Over.

헬리콥터, 여기는 *유토피아*. 본선은 식별신호를 보내고 있습니다. 오버.

유토피아, 여기는 헬리콥터. 귀선은 식별되었습니다. 오버.

헬리콥터, 여기는 *유토피아*. 현재의 상대풍향과 풍속은 선수 *좌*현 *030*도 *35*노트입니다. 오버.

유토피아, 컨택트 포인트(접촉점)를 지시하여 주십시오. 오버.

컨택트 포인트를 가르쳐 드립니다. 상륙이송환자는 그쪽을 받아들일 준비가 되어 있습니다. 본선은 바람을 *좌*현선수로 받고 있겠습니다. 오버.

이쪽은 지금 작업을 개시하고 있습니다.

부상자의 철수작업은 끝나고 헬리콥터는 날아갔다. 그리고 *유토피아*는 다음과 같이 통보를 수신한다. :

사우드포인트, 여기는 *유토피아*. 작업완료. 생존자는 헬리콥터로 보냈습니다. 지원은 더 필요 없습니다. 본선은 항진하기 시작했습니다. 아웃.

6. 수도진입

유토피아 호는 *세인트 니콜러스* 수도로 들어가고 있다. 이 수도에는 IMO의 분리통항방식이 설정되어 있고 무선전화로 정보를 제공하고 있다. *유토피아*의 레이더가 고장났다.

세인트 니콜러스 정보 센터, 여기는 *유토피아*. 오버.

유토피아, 여기는 *세인트 니콜러스* 수도정보 서비스. 채널 *14*로 변경하십시오.

세인트 니콜러스 수도정보 서비스, 여기는 *유토피아*. 본선의 레이다가 고장 입니다. 시계는 변할 듯 합니까? 본선이 통항로로 들어가는 데는 시계가 좋겠습니까?
본선의 추정위치는 *엘리펀트 헤드*에서 *090*도 *3*마일입니다. 오버.

유토피아, 여기는 *세인트 니콜러스* 수도입니다. 귀선을 식별할 수 있도록 침로를 변경해 주십시오.

세인트 니콜러스 수도, 여기는 *유토피아*. 본선은 변침하겠습니다. 식별을 위해 본선은 침로를 *245*도로 변경했습니다. 오버.

Utopia, St. Nicholas Strait.
I have located you on my radar.
Your position is *094* degrees *3* miles from *Elephant Head.*
Visibility is reduced by rain and mist within the Strait.
Visibility is expected to decrease to *800* metres by midnight.
You will meet crossing traffic at position off *Gannet Head.* Over.

St. Nicholas Strait, this is *Utopia.* I will enter traffic lane at *2315* hours local time. Listening. Out.

7. Situation Report

All vessels, this is *St. Nicholas* Strait Information Service. Situation report. Part 1. There is a vessel in position *280* degrees *4* miles from *Gannet Head* lighthouse, on course *030* degrees and speed *12* knots, which is not complying with traffic regulations.

Part 2. The visibility at *Gannet Head* is *1.5* miles. The visibility at *Dolphin Bank* light vessel is *2* miles. Part 3. There is a wreck buoy in position *50* degrees *45* minutes *north, 30* degrees *25* minutes *west* unlit. There is a vessel with a difficult tow on passage to *Eckhavn* now approaching *Pelican Bank* buoy.

St. Nicholas Strait Information Service told us about a difficult tow making for Eckhavn. Earlier today there were sharp squalls, and visibility was sometimes very reduced. During one of these we heard:

This is *St. Nicholas* Strait Information Service. Unknown vessel passing west of *Bligh Bank* buoy. You are running into danger. Submerged wreck ahead of you. It is dangerous to remain on your present course. Advise you alter course to *starboard.*

8. Collision and Fire

Buf the unknown vessel does not comply, and a few minutes later the following message is heard : –

유토피아, 여기는 *세인트 니콜러스* 수도.
이쪽의 레이다로 귀선의 위치가 판명되었습니다.
귀선의 위치는 *엘리펀트 헤드*에서 *094*도, *3*마일입니다.
수도 내에는 비와 함께 안개 때문에 시계가 악화되어 있습니다.
미드나잇(자정)까지는 시정이 *800*미터까지 감소될 것으로 봅니다.
가넷 헤드에서 조금 떨어진 지점에서 항로횡단선과 마주칠 예정입니다. 오버.

세인트 니콜러스 수도, 여기는 *유토피아*. 본선은 지방시 *2315*시에 통항로로 들어갈 예정입니다. 계속 청취하겠습니다. 아웃.

7. 상황보고

모든 선박에게 알려드립니다. 여기는 *세인트 니콜러스* 수도정보 서비스. 상황보고. 제 1보. 가넷 헤드 등대에서 *280*도. *4*마일 지점에 침로 *030*도, 속력 *12*노트인 통항규칙 위반 선박이 있습니다.

제 2보. *가넷 헤드*의 시정은 *1.5*마일. *돌핀 뱅크* 등대에서의 시정은 *2*마일입니다. 제 3보. *북위 50*도 *45*분, *서경 30*도 *25*분의 위치에 파손된 부표가 있으며 불이 꺼져 있습니다. *에크헤이븐*으로 가는 항로에 어렵게 예항작업 중인 선박이 있으며 현재 *펠리컨 뱅크* 부표로 접근 중입니다.

세인트 니콜러스 수도정보 서비스는 *에크헤이븐*으로 향하여 힘들게 예항하고 있는 작업선에 대하여 우리들에게 통보 하였다. 오늘 이른 아침부터 지독한 스콜이 있었고 시계가 가끔 매우 악화되었다. 이러한 때 (시계 악화)에 우리는 (다음과 같은 통보를) 받았다:

여기는 *세인트 니콜러스* 수도정보 서비스. *블라이 뱅크* 부표의 서쪽을 통과하던 선명 미상인 선박. 귀선은 위험에 빠지고 있습니다. 전몰침선이 귀선의 전방에 있습니다. 현재의 침로대로 항진하면 위험합니다. 귀선이 *우*측으로 변침하도록 권고합니다.

8. 충돌과 화재

하지만 선명 미상인 선박은 따르지 않았고 잠시 뒤에 다음과 같은 통보를 청취했다 :–

Mayday. Mayday. Mayday. This is *Valhalla*. I need help. I have struck an unknown object. I am on fire and am leaking inflammable cargo. Over.

Valhalla, Valhalla, this is *St. Nicholas* Strait Information Service.
What is your position? Over.

St. Nicholas Strait Information Service, this is *Valhalla*. My position is *2 20* degrees *5* cables from *Bligh Bank* buoy.

Valhalla, this is *St. Nicholas* Strait Information Service.
lifeboat and tugs are coming to your assistance. Over.

But before assistance can arrive *Valhalla* sends the following report:–

St. Nicholas Strait Information Service, this is *Valhalla*. Fire is under control. lifeboat is no longer required.

This is *St. Nicholas* Strait Information Service,
Valhalla, do you require tugs?

St. Nicholas Strait Information Service, this is *Valhalla*. Yes, I require tugs. My steering gear is damaged.

Attention all vessels. This is *St. Nicholas* Strait Information Service. There has been collision with a submerged wreck in position *240* degrees *4* cables from *Bligh Bank* buoy. Keep clear.

9. Port Control

We rejoin *Utopia* approaching *Avonport* fairway buoy where she will enter waters covered by *Avonport* Port Control. The visibility is again reduced.

Utopia, this is *St. Nicholas* Strait Information Service.
You are leaving my screen. Change to channel *12*.

St. Nicholas Strait Information Service, this is *Utopia*. Changing to channel *12*. Out.

Avonport Port Control, this *Utopia*. Over.

Utopia, this is Port Control. Over.

메이데이 (조난). 메이데이. 메이데이. 여기는 ***밸헬러***. 구조를 요청합니다. 본선은 정체불명인 물체와 충돌했습니다. 본선에는 화재가 발생하고 가연성 화물이 누출되고 있습니다. 오버.

밸핼러, 밸핼러, 여기는 ***세인트 니콜러스*** 수도정보 서비스입니다. 귀선의 위치를 알려 주십시오. 오버.

세인트 니콜러스 수도정보 서비스, 여기는 ***밸핼러***. 본선의 위치는 ***블라이 뱅크*** 부표에서 *220*도 *5*케이블입니다.

밸핼러, 여기는 ***세인트 니콜러스*** 수도정보 센터. 구명정과 예인선이 귀선을 구조하려 가고 있습니다. 오버.

하지만 구조가 닿기 전에 ***밸핼러*** 호에서 다음과 같은 보고가 송신되었다 :-

세인트 니콜러스 수도정보 서비스. 여기는 ***밸핼러***. 화재는 차차 진화되고 있습니다. 구명정은 더 필요하지 않습니다.

여기는 ***세인트 니콜러스*** 수도정보 센터. ***밸핼러***, 귀선은 예인선을 요청합니까?

세인트 니콜러스 수도정보 서비스, 여기는 ***밸헬러*** 입니다. 예, 본선은 예인선을 요청합니다. 본선의 조타장치가 고장입니다.

전 선박에게 알립니다. 여기는 ***세인트 니콜러스*** 수도정보 서비스. ***블라이 뱅크*** 부표에서 *240*도. *4*케이블인 지점에서 전몰침선과 충돌사고가 있었습니다. 접근하지 마십시오.

9. 항만관제

여기서 다시 ***에이븐포트*** 항의 포트 컨트롤(항만관제소)의 관할 해역으로 진입하면서 ***에이븐포트*** 항로부표로 접근중인 ***유토피아*** 호로 이야기가 다시 되돌아간다. 시계는 다시 나빠져 있다.

유토피아, 여기는 ***세인트 니콜러스*** 수도정보 서비스. 귀선은 이쪽의 (레이다) 스크린에서 벗어나고 있습니다. 채널 *12*로 변경하십시오.

세인트 니콜러스 수도정보 서비스, 여기는 ***유토피아***. 채널 *12*로 변경합니다. 아웃.

에이븐포트 항만관제소, 여기는 ***유토피아***. 오버.

유토피아, 여기는 항만관제소. 오버.

Port Control, *Utopia*. My radar is not working. Is shore-based radar assistance available? Over.

Shore-based radar assistance is available.
Do you require a pilot?

I require a pilot. Where can I take a pilot?
What are my berthing instructions? Over.

You can take pilot off *Oyster* Island.
No information berthing instruction.
What is your present position, course and speed. Over.

My present position is *010* degrees *4* cables from fairway buoy. I am altering course to *250* degrees. My present speed is *8* knots. Over.

10. Anchorage and Berth

Utopia continues inward with the assistance of the shore-based radar.

Utopia, this is *Avonport* Port Control. You are getting closer to the vessel ahead. You must reduce speed. Over.

Avonport Port Control, this is *Utopia*. What speed do you advise?

Utopia, this is *Avonport* Port Control. Advise speed *6* knots.
Advise you alter course to *320* degrees at *0315* hours local time,
and pass *east* of *New Rock*.
Vessel on opposite course *1.5* miles distant will pass on your *port* side.

Avonport Port Control, this is *Utopia*. I am reducing speed to *6* knots.
I will alter course to *320* degrees at *0315* hours local time.

Utopia, this is *Guiding Light*. Over.

Guiding Light, this is *Utopia*. change to channel *6*. Over.

Utopia, this is *Guiding Light*. changing to channel *6*.
Utopia, I wish to overtake you on your *port* side. Over.

Guiding Light, this is *Utopia*. Do not, repeat do not, overtake me. Vessel on opposite course about to pass my *port* side. Over.

항만관제소, *유토피아*. 본선의 레이더가 고장입니다. 육상 레이더의 유도를 받을 수 있습니까? 오버.

육상 레이더의 유도를 이용할 수 있습니다.

귀선은 도선사가 필요합니까?

본선은 도선사를 요청합니다. 도선사의 승선지는 어디입니까?

본선의 정박지시사항은 무엇입니까? 오버.

오이스터 섬 앞바다에서 승선시킬 수 있습니다.

정박지시사항은 없습니다.

귀선의 현재위치, 침로 및 속력을 알려 주십시오. 오버.

본선의 현재위치는 항로부표에서 *010*도, *4*케이블입니다. 본선은 *250*도로 변침 중입니다. 현재의 속력은 *8*노트입니다.

10. 묘박지 및 정박지

*유토피아*는 육상 레이더의 유도를 받으면서 입항을 계속하고 있다.

유토피아, 여기는 *에이븐포트* 항만관제소. 귀선은 전방의 선박에 접근하고 있습니다. 감속하십시오. 오버.

에이븐포트 항만관제소. 여기는 *유토피아*. 속력을 얼마로 하면 됩니까?

유토피아, 여기는 *에이븐포트* 항만관제소. 속력은 *6*노트를 권고합니다.

지방시 *0315*시에 귀선은 *320*도로 변침하고

*뉴 로크*의 *동*쪽을 통과하십시오.

*1.5*마일에 있는 반대 침로상의 선박이 귀선의 *좌*현측을 통과할 것입니다.

에이븐포트 포트 컨트롤, 여기는 *유토피아*. 본선은 *6*노트로 감속중입니다. 지방시로 *0315*시에 *320*도로 변침하겠습니다.

유토피아, 여기는 *가이딩 라이트*. 오버.

가이딩 라이트, 여기는 *유토피아*. 채널 *6*으로 변경하기 바랍니다. 오버.

유토피아, 여기는 *가이딩 라이트*. 채널 *6*으로 변경하여 교신하겠습니다.

유토피아, 본선은 귀선의 좌현 쪽을 추월하고자 합니다. 오버.

가이딩 라이트, 여기는 *유토피아*. 절대로 본선을 추월하지 마십시오. 반대쪽에서 오고 있는 선박이 본선의 *좌*현을 통과하려 하고 있습니다. 오버.

Utopia, this is *Guiding Light*. I will not overtake.
I am reducing speed. Over.

Avonport Port Control, this is *Utopia*. Pilot on board, I will proceed inward. Over.

Utopia, this is *Avonport* Port Control.
Vessel ahead of you is on opposite course.
You must alter course to *starboard*.
There is a hampered vessel in position *090* degrees *5* miles
from No. *1* jetty *Oil mouth*. You must anchor at *Lambs Roads*.
Your berth is not clear. Over.

Avonport Port Control, this is *Utopia*. What is the anchor position for me?

Utopia, anchor position *195* degrees *2* miles
from *Seatown* pier allocated to you.

Avonport, this is *Utopia*. I will anchor in *Lambs Roads*.

Utopia proceeds as instructed to her temporary anchorage.

Avonport, this is *Utopia*. I am at *Lambs Roads*.

Utopia, you must heave up anchor.
You have anchored in the wrong position.
You are obstructing other traffic.
You must anchor in position
225 degrees *0.5* miles from your present position.

Avonport, I will heave up anchor.

Utopia moves directed and later report :–

Avonport Port Control, this is *Utopia*. I am anchored off *Seatown* pier. When will my berth be clear? Over.

Utopia, vessel leaving *Oilmouth* now.
Deep vessel has entered fairway inwards.
Your berth will be clear at *0730* hours local time.
You will berth at No. *2* Dock. Stand by on channel *12*. Out.

유토피아, 여기는 ***가이딩 라이트***. 추월하지 않겠습니다.

본선은 감속중입니다. 오버.

에이븐포트 포트 컨트롤, 여기는 ***유토피아***. 도선사가 승선했습니다. 입항하겠습니다. 오버.

유토피아, 여기는 ***에이븐포트*** 항만관제소.

귀선 전방의 선박은 반대쪽에서 오는 선박입니다.

우로 변침하십시오.

오일마우스 제 ***1***번 돌제에서 ***090***도, ***5***마일 지점에

조종성능제한선이 있습니다. ***램스 로즈***에서 묘박하십시오.

귀선의 정박지는 비어 있지 않습니다. 오버.

에이븐포트 항만관제소, 여기는 ***유토피아***. 본선의 묘박지는 어디입니까?

유토피아, ***시타운*** 부두에서 ***195***도, ***2***마일의

묘박지가 귀선에게 지정되어 있습니다.

에이븐포트, 여기는 ***유토피아***. 본선은 ***램스 로즈***에 투묘하겠습니다.

유토피아 호는 지정된 대로 가박묘지로 항진한다.

에이븐포트, 여기는 ***유토피아***. 본선은 ***램스 로즈***에 도착했습니다.

유토피아, 귀선은 양묘하십시오.

귀선은 잘못된 위치에 투묘했습니다.

귀선은 타선의 통항을 방해하고 있습니다.

귀선은 현재의 위치에서

225도. ***0.5***마일의 지점에 투묘해야 합니다.

에이븐포트, 본선은 양묘하겠습니다.

유토피아 호는 지정대로 이동한 뒤에 통보한다.

에이븐포트 항만관제소, 여기는 ***유토피아***. 본선은 ***시타운*** 부두 앞바다에 묘박하고 있습니다. 본선의 정박지는 언제 빕니까? 오버.

유토피아, 선박이 지금 ***오일마우스***를 떠나는 중입니다.

심흘수선이 입항항로로 들어가고 있습니다.

귀선의 정박지는 지방시 ***0730***시에 빕니다.

귀선은 제***2***호 도크에 계류될 예정입니다. 채널 ***12***로 대기하십시오. 아웃.

Utopia weighs anchor shortly before 0730 hours local time, and proceeds at slow speed towards her berth.

Avonport, this is Utopia. Over.

Utopia, this is *Avonport*.
Report your position to assist identification. Over.

Avonport, this is *Utopia*. I am under way. My position is *330* degrees, *2* miles from lights and pier. My position has been obtained by Decca. Over.

Utopia, this is *Avonport*. I have located you on my radar.
Wait for large vessel to clear *Gull Creek* before entering fairway.
You must keep your present speed.
Advice you alter course to *280* degrees.
The vessel to starboard of you is entering after you.
What is your draught, forward and aft? Over.

Avonport, this is *Utopia*. I will wait for large vessel to clear *Gull Creek* before entering fairway. I am keeping present speed. I am altering course to *280* degrees. My draught forward is *6.5* meters and my draught aft is *7.2* meters. Over.

All vessels, this is *Avonport*. Navigational warnings. There is a gas leakage from fractured pipeline near refinery quay. There are pipelaying operations near gas leakage. There is a yellow buoy established in position *156* degrees, *1* cable from end refinery quay. Vessels are advised to avoid this area. There is a vessel carrying out hydrographic survey in area off *Oilmouth* No. *1* quay. Abnormally low tides expected in *Avonport* channel around *1400* hours local time. Charted depths are decreased by *0.5* metres.

Avonport, this is *Utopia*. I am passing *Gull Creek*. I will proceed by main fairway. Visibility at *Gull Creek* is *3* miles. How many tugs must be taken by my vessel? Where will tugs meet me? Over.

Utopia, this is *Avonport*.
You must take *three* tugs at No. *2 Longreach* buoy.
Do not arrive at berth after *0930* hours local time.

*유토피아*는 지방시로 *0730*시 조금 전에 양묘하고 정박지로 향하여 저속으로 항진한다.

에이븐포트, 여기는 *유토피아*. 오버.

유토피아, 여기는 *에이븐포트*.
식별을 위해 귀선의 위치를 보고해 주십시오. 오버.

에이븐포트, 여기는 *유토피아*. 본선은 항행중입니다. 본선 위치는 등화가 있는 안벽에서 *330*도 *2*마일입니다. 이 위치는 데카로 얻은 것입니다. 오버.

유토피아, 여기는 *에이븐포트*. 이쪽은 레이다로 귀선을 확인했습니다.
항로로 들어가기 전에 대형선이 *걸 크리크*를 통과하기까지 대기하십시오.
현재의 속력을 유지하십시오.
침로를 *280*도로 변침하기를 권고합니다.
귀선의 우현에 있는 선박은 귀선을 후속하여 들어갑니다.
선수, 선미의 흘수를 알려 주십시오. 오버.

에이븐포트, 여기는 *유토피아*. 항로로 들어가기 전에 대형선이 *걸 크리크*를 통과하기까지 대기하겠습니다. 본선은 현재의 속력을 유지하고 있습니다. 본선은 *280*도로 변침 중입니다. 본선의 선수흘수는 *6.5* 미터, 선미흘수는 *7.2* 미터입니다. 오버.

전 선박에게 알립니다. 여기는 *에이븐포트*. 항행경보. 정련소 안벽 부근의 파이프라인이 파열되어 가스 누출이 발생했습니다. 가스 누출 현장 부근에서 파이프 부설 공사를 하고 있습니다. 황색부표가 정련소 안벽 끝에서 *156*도 *1*케이블에 설치되어 있습니다. 모든 선박은 이 수역을 피하십시오. *오일마우스* 제 *1*번 부두의 앞바다 해역에서 수로측량을 실시하고 있는 선박이 *1*척 있습니다. 이상적인 수면하강(저조)이 *에이븐포트* 수로에서 지방시로 *1400*시경에 일어날 듯합니다. 해도에 기재된 수심보다 *0.5*미터 감소될 듯합니다.

에이븐포트, 여기는 *유토피아*. 본선은 *걸 크리크*를 통과 중입니다. 본선은 주항로를 항진하겠습니다. *걸 크리크*에서 시정은 *3*마일입니다. 본선은 예인선을 몇 척이나 사용해야 합니까? 예인선과 본선은 어디서 만나게 됩니까? 오버.

유토피아, 여기는 *에이븐포트*.
귀선은 *롱리치* 제 *2*호 부표에서 예인선 *3*척을 사용하십시오.
지방시로 *0930*시 이후에 정박지에 도착하지 않도록 하십시오.

Utopia proceeds towards *Avonport* to load. She has her radar repaired. We join her again in a *Chalk Bay* en route to *Skedholm.*

Unknown vessel *180* degrees *5* miles from *Chalky Point*; this is *Androcles*. what is your name? Over.

Androcles, this is *Utopia*, *Utopia*. Over

Utopia, this is *Androcles*. Change to channel *13*. Over.

Androcles, this is *Utopia*. I do not have channel *13*. Please use channel *6*. Over.

Utopia, this is *Androcles*. Changing to Channel *6*.
Your position is *110* degrees *12* miles from me.
My position is *180* degrees, 1 mile from *Star Point*.
Navigate with caution.
Small fishing boats are within *7* miles of me. Over.

Androcles, this is *Utopia*. Is there fishing gear ahead of me? Over.

Utopia, this is *Androcles*. Yes, you are heading towards fishing gear.
There are nets with buoys in this area.
Buoys are only showing on six mile range scale on my radar. Over.

Androcles, this is *Utopia*. Will change range scale on approaching. Over.

11. Safety Message and Navigational Warning

Utopia keeps clear of the fishing fleet and is well out at sea, when she hears the following message:

Securite, Securite, Securite.

Attention all vessels. This is *Portcastle* Radio. A warning of gales was issued at *0600* hours Greenwich Mean Time. *South-westerly* gales imminent in sea areas *Portcastle* and *Gull*, backing *southerly* and increasing to force *9*. Decreasing to force *7* within the next *12* hours. Navigation warning. Radio beacon service *Whirlpool Rocks* has been discontinued.

Utopia steams on until suddenly:

유토피아 호는 *에이븐포트*로 적하하기 위해 항진한다. 이 선박는 레이더를 수리했다. *스케드홀름* 항으로 가는 도중에 *쵸크 만* 에서 그 배를 다시 만나게 된다.

*쵸크 포인트*에서 *180*도 *5*마일에 있는 선명 미상인 선박;
이 쪽은 *앤드로클리즈*, 귀선의 선명은 무엇입니까 ? 오버.

앤드로클리즈, 여기는 *유토피아*, *유토피아*. 오버.

유토피아, 여기는 *앤드로클리즈*. 채널 *13*으로 변경하여 주십시오. 오버.

앤드로클리즈, 여기는 *유토피아*. 본선에는 채널 *13*이 없습니다. 채널 *6*을 사용하시기 바랍니다. 오버.

유토피아, 여기는 *앤드로클리즈*. 채널 *6*으로 변경합니다.
귀선의 위치는 본선에서 *110*도, *12*마일입니다.
본선의 위치는 *스타 포인트*에서 *180*도, *1*마일입니다.
주의하여 항행하십시오.
본선의 *7*마일 이내에 작은 어선들이 있습니다. 오버.

앤드로클리즈, 여기는 *유토피아*. 본선의 전방에 어구가 있습니까? 오버.

유토피아, 여기는 *앤드로클리즈*. 예, 귀선은 어구를 향하고 있습니다.
이 수역에는 부표달린 그물이 있습니다.
부표는 본선 레이더의 *6*마일 레인지 스케일(거리눈금)로 보일 뿐입니다.

앤드로클리즈, 여기는 *유토피아*. 본선이 접근하면 레인지 스케일을 변경하겠습니다. 오버.

11. 안전 통보 및 항행 경보

유토피아 호는 어선군을 피하여 무사히 외양으로 벗어난다. 그 때 이 배는 다음과 같은 통보를 청취한다:

시큐리트(경보), 시큐리트, 시큐리트.
전 선박에게 알립니다. 여기는 *포트캐슬* 무선국. 세계표준시 *0600*시에 강풍경보(게일 워닝)가 발표되었습니다. *남서*의 강풍이 *포트캐슬*과 *걸* 해역에 닥쳐왔습니다. 이 바람은 *남*으로 치우치면서 풍력은 *9*에 이를 듯합니다. 앞으로 *12*시간 이내에 풍력이 *7*로 떨어질 것으로 보입니다. 항행경보, *휠 풀*의 무선표지는 업무를 정지하고 있습니다.

유토피아 호가 항진을 계속하는데 갑자기 :

Utopia, *Utopia*, this is *Oceanpoint* Radio.

Oceanpoint Radio, this is *Utopia*. Over.

Utopia, *Oceanpoint*, channel *12*. *Utopia*, I am passing a message for vessel *Euphoria*. *Euphoria*, echo, uniform, papa, hotel, oscar, romeo, india, Alfa. Message reads: *Utopia*, I am not under command. My position is *49* degrees, *35* minutes *north*, *35* degrees *21* minutes *west*. It is dangerous for me to remain in present position. I require a tow. Can you reach me by *1600* hours zone time? Over.

Oceanpoint, this is *Utopia*. Wait.

Oceanpoint, this is *Utopia*. Please pass message to *Euphoria*. I expect to reach you at *1530* hours zone time. My position is *50* degrees *01* minute *north*, *33* degrees *37* minutes *west*. Has your position been obtained by Decca? Decca chain *West Atlantis red* transmission interrupted at *2000* hours local time. Check all lane numbers. My course is *249* degrees, speed *17* knots. Over.

12. Help the Sister Ship

Utopia turns and proceeds at full speed to help her sister ship. Later *Euphoria* gives her position.

Utopia, *Utopia*, do you read me? This is *Euphoria*. Over.

Euphoria, this is *Utopia*. I read you with signal. strength *2* . Change to channel *6*. Over.

Utopia, this is *Euphoria*. Changing to channel *6*.
My position has been obtained by astronomical observation.
My position is *49* degrees *40* minutes north,
35 degrees *23* minutes west. Over.

Euphoria, this is *Utopia*. My ETA at your position is *1515* hours zone time. I intend to tow, using your …

Euphoria, this is *Utopia*, I have located you on my radar. Your position is *270* degrees, *5* miles from me. Standing by on channel *6*.

Utopia, this is *Euphoria*. Standing by to establish tow.
Stand by on channel *6*.

유토피아, 유토피아, 여기는 *오션포인트* 무선국.

오션포인트 무선국, 여기는 *유토피아*. 오버.

유토피아, 오션포인트, 채널 *12*입니다. *유토피아*, 여기는 선박 *유포리아* 호의 통보를 중계합니다. *유토피아*. 에코, 유니폼, 파파, 호텔, 오스카, 로미오, 인디아, 알파. 통신내용 : *유토피아*, 본선은 운전부자유 상태입니다. 본선의 위치는 *북위 49*도 *35*분, *서경 35*도 *21*분. 현 위치에서 본선이 정류하기가 위험합니다. 본선은 예항을 요청합니다. 귀선은 경대시로 *1600*시까지 본선으로 도착할 수 있습니까? 오버.

오션포인트, 여기는 *유토피아*. 기다려 주십시오.

오션포인트, 여기는 *유토피아*. *유포리아*로 통보를 중계해 주십시오. 본선은 그곳에 경대시로 *1530*시까지 도착될 것으로 봅니다. 본선의 위치는 *북위 50*도 *01*분, *서경 33*도 *37*분입니다. 귀선의 위치는 데카로 구했습니까? *웨스트 애틀랜티스*의 *적*색 데카 체인은 지방시로 *2000*시에 송신이 중단되었습니다. 모든 레인 값을 점검하십시오. 본선의 침로는 *249*도, 속력은 *17*노트입니다. 오버.

12. 자매선 구조

유토피아 호는 전침하고 자매선을 구조하기 위해 전속으로 항진한다. 그 후에 *유포리아* 호가 위치를 알린다.

유토피아, 유토피아, 이쪽의 강도는 어떻습니까? 이쪽은 *유포리아*. 오버.

유포리아, 여기는 *유토피아*. 이쪽의 감도는 *2*입니다. 채널 *6*으로 변경하십시오. 오버.

유토피아, 여기는 *유포리아*. 채널 *6*으로 변경합니다.
본선 위치는 천측으로 구한 것입니다.
위치는 *북위 49*도 *40*분,
*서경 35*도 *23*분입니다. 오버.

유포리아, 여기는 *유토피아*. 귀선의 위치에 도착될 예정시각은 경대시로 *1515*시입니다. 본선은 귀선의 …을 사용하여 예항할 예정입니다.

유포리아, 여기는 *유토피아*. 본선은 귀선의 위치를 레이더로 확인했습니다. 귀선의 위치는 본선에서 *270*도, *5*마일입니다. 채널 *6*으로 대기하십시오.

유토피아, 여기는 *유포리아*. 예항을 수행할 준비를 하겠습니다.
채널 *6*으로 대기합니다.

Utopia, her voyage interrupted again, now prepares to tow her sister ship *Euphoria* to *Parmouth* for repairs. Having successfully completed this rescue operation, she heads for sea, turning north towards her next port of call. But it is late in the year, and after a few days the following is received late one evening on the radio.

13. Weather Forecast

And now here is the weather forecast for shipping. Gale warnings. Warning of ***north easterly*** gales, backing northerly and freshening, were issued at ***2300*** hours Greenwich Mean Time. Gales force ***9*** from ***north–east*** in sea areas ***Bear, Skua*** and ***Sea Lion***, are expected to back to the ***north*** and freshen during the night to storm force ***10***, reaching force ***11*** in gusts later. Broken ice is expected in sea areas ***Bear*** and ***Skua***. Temperatures in the area are expected to drop sharply to minus 5 degrees centigrade, and icing may be expected to form moderately in the area by dawn.

The Captain of *Utopia* calls up the *Skedholm* Radio near his point of distintion, to find out more about the situation.

Skedholm Radio, this is *Utopia*. Over.

Utopia, Skedholm Radio channel 26. Over.

Skedholm Radio this is *Utopia*, channel 26. My position is ***55*** degrees ***30*** minutes ***north, 48*** degrees ***40*** minutes ***west***.

My destination is *Skedholm*. Do I require icebreaker assistance to enter?

Yes, you require icebreaker assistance.

Receiving point is ***225*** degrees ***10*** miles from ***Freya Head***.

Do not pass receiving point until ***1100*** hours local time.

At approximately ***1045*** hours local time *Utopia* reaches the receiving point where she heaves to in company with ***two*** other ships waiting to go into *Skedholm*.

유토피아 호의 항해는 또 다시 중단되고, 지금은 자매선인 *유포리아* 호를 *파마우스*까지 수리하기 위해 예항할 준비를 한다. 이 구조작업을 무사히 마치고 이 배는 다음 기항지로 향하여 북으로 전침하고 바다로 항진한다. 그러나 시기가 연말에 가까운 며칠 뒤의 어느 날, 다음 통보를 저녁 늦게 라디오로 청취한다.

13. 일기 예보

이어서 선박에 대한 일기예보 입니다. 강풍경보. 세계시 *2300*시에 *북동*의 강풍이 불고 있으며 *북*으로 치우치면서 차차 강해진다는 경보가 발표되었습니다. *베어, 스쿠어* 및 *시라이온*의 해역에서 *북동 방향의* 강풍, 풍력 *9*로 불고 있으며, 밤사이에 *북*으로 풍향이 바뀌고 풍력 *10*인 강풍으로 강해질 듯합니다. 그 후 풍력 *11*인 돌풍으로 될 것입니다. *베어* 및 *스쿠어* 해역에는 쇄빙이 있겠습니다. 이 해역에서는 기온이 섭씨 영하 5도까지 급속히 내려갈 듯하며, 새벽에는 이 해역에서 상당한 결빙이 있겠습니다.

유토피아 호 선장은 그 상황에 관하여 더욱 자세히 알기 위해서 목적지 부근인 *스케드홀름* 무선국을 호출한다.

스케드홀름 무선국, 여기는 *유토피아*. 오버.

유토피아, *스케드홀름* 무선국. 채널 *26*입니다. 오버.

스케드홀름 무선, 여기는 *유토피아*, 채널 *26*. 본선 위치는 *북위 55*도 *30*분, *서경 48*도 *40*분입니다.
목적항은 *스케드홀름*입니다. 입항할 때에 본선에 쇄빙선의 지원이 필요합니까?

예, 귀선은 쇄빙선의 지원이 필요합니다.
리시빙 포인트는 *프레이어 헤드*에서 *225*도, *10*마일입니다.
지방시로 *1100*시까지 리시빙 포인트를 통과하지 마십시오.

지방시 1045 시경에 유토피아 호는 리시빙 포인트에 도착하고, 그곳에서 스케드홀름으로 가기 위해 대기하고 있는 다른 2척과 함께 히브 투(정선)한다.

Channel *9*. Attention all vessels. This is icebreaker ***Nutcracker***, icebreaker assistance to enter ***Skedhoim*** is now coming. I will arrive in *15* minutes.

14. Ice – Convoy

And shortly afterwards ***Nutcracker*** arrives and begins to organize the ice-convoy.

Utopia, this is ***Nutcracker***.
Icebreaker assistance is now commencing.
Your place in the convoy is astern of me.
You will be followed by vessel ***Martian Princess***.
Keep a distance of *3* cables between vessels. Follow me.

Nutcracker, this is ***Utopia***. Okay, I am following you. I will keep a distance of *3* cables between vessels.

Martian Princess, this is ***Nutcracker***.
Your place in the convoy is astern of ***Utopia***.
You will be followed by vessel ***Dokdo***.

Attention all vessels. Slow down. Shorten the distance between vessels to *1* cable, proceed along the ice channel. Attention all vessels. Do not follow me. Stop.

Icebreaker ***Nutcracker*** now has to break a channel for the convoy of ships to get through the thicker ice which has formed just outside the main harbour.

Attention all vessels. Follow me. Keep a distance of *120* meters between vessels.

Nutcracker, this is ***Martian Princess***,
I cannot follow you. I cannot move.
I am ice-bound.

Martian Princess, this is ***Nutcracker***, I will come to your assistance. Prepare to receive tow line.
Vessels ***Utopia*** and ***Dokdo***, stay where you are.

Nutcracker, this is ***Martian Princess***.
I am ready to receive tow line.

Nutcracker takes ***Martian Princess*** in tow and frees her from the ice.

채널 *9.* 전 선박에게 알립니다. 여기는 쇄빙선 ***넛크래커, 스케드홀름*** 입항의 쇄빙선 지원을 위해 가고 있습니다. 본선은 *15*분 이내에 도착할 것입니다.

14. 빙해 호송

잠시 뒤에 ***넛크래커*** 호가 도착하여 빙해호송선단을 조직하기 시작한다.

유토피아, 여기는 ***넛크래커***.
쇄빙선 지원이 곧 시작됩니다.
선단에서 귀선의 위치는 본선의 후미가 됩니다.
귀선 다음에는 ***마션 프린세스*** 호가 후속합니다.
선박간 거리를 *3* 케이블로 유지하십시오. 본선 뒤를 따르십시오.

넛크래커, 여기는 ***유토피아***. 알았습니다. 본선은 귀선 뒤를 따르겠습니다. 선박간 거리는 *3* 케이블을 유지하겠습니다.

마션 프린세스, 여기는 ***넛크래커***.
선단에서 귀선의 위치는 ***유토피아*** 호의 다음입니다.
귀선 뒤에는 ***독도호***가 따릅니다.

전 선박에게 알립니다. 저속으로 하십시오. 선박간 거리를 *1*케이블로 단축하고 빙간수로를 항진하십시오. 전 선박에게 알립니다. 본선 뒤를 따르지 마십시오. 정지하십시오.

쇄빙선 ***넛크래커*** 호는 이번에는 본항의 바로 외측에 얼어붙은 얼음 사이를 빠져나가기 위해 호송선단용 수로를 열어야 한다.

전 선박에게 알립니다. 본선 뒤를 따르십시오. 선박간거리는 *120* 미터를 유지하십시오.

넛크래커, 여기는 ***마션 프린세스***.
본선은 귀선 뒤를 따를 수 없습니다. 본선은 움직이지 못합니다.
본선은 얼음에 갇혔습니다.

마션 프린세스, 여기는 ***넛크래커***. 본선은 귀선을 지원하러 갑니다. 예인줄을 받을 준비를 하기 바랍니다.

유토피아 호와 ***독도***호는 현 위치에 정류하십시오.

넛크래커, 여기는 ***마션 프린세스***.
본선은 예인줄을 받아들일 준비를 갖추었습니다.

넛크래커 호는 ***마션 프린세스*** 호를 예인하고 얼음에서 빠져 나오게 한다.

Martian Princess. this is *Nutcracker*. Stop your vessel immediately.
Be ready to cast off tow line.

I am stopping my vessel immediately.
I am ready to cast off tow line.

Attention all vessels. Proceed along the ice channel. Follow me. Keep a distance of *120* metres between vessels.

Attention all vessels. You may now proceed. Icebreaker assistance is finished.

Utopia and the other *two* vessels, having come safely through the ice, enter the inner basin.

15. Canal Transit

Utopia spends some time in *Skedholm* discharging cargo and then loading. At last, however, she is ready to sail again, and once clear of the ice has an uneventful voyage *south-west*wards. The days get warmer and the seas calmer, until late one evening as she is approaching the receiving point for the estuary leading to *Sao Pedro* and the entrance of the *Otlar* Canal, she calls up the shore radio at *Mangrove Head*.

Mangrove Head, this is *Utopia*. Over.

Utopia, *Mangrove Head*, channel *8*. Over.

Mangrove Head, this is *Utopia*. I will be at the fairway buoy in *1* hour. I wish to take bunkers and fresh water in *Sao Pedro*, and then transit the *Otlar* Canal. What are my instructions? Over.

Utopia, this is *Mangrove Head*.
You will berth at No. *2* jetty.
Your berth is clear now.
Transit will begin at *2000* hours local time. Out.

Utopia steams to her berth in *Sao Pedro*, where she takes on fuel and water. At *1930* hours local time the pilot comes on board, and she leaves the berth ready to go through the *Otlar* Canal.

마션 프린세스, 여기는 ***넛크래커***. 즉시 정지하십시오.
예인줄을 풀어놓을 준비를 하십시오.

본선은 즉시 정지하고 있습니다.
예인줄을 풀어놓을 준비가 되어 있습니다.

각 선박에게 알립니다. 빙간항로를 항진하십시오. 본선 뒤를 따르십시오. 선박간 거리는 *120*미터의 간격을 유지하십시오.
각 선박에게 알립니다. 각 선박은 항진해도 좋습니다. 쇄빙선 지원을 마칩니다.

> ***유토피아*** 호와 다른 *2*척은 얼음 사이를 안전하게 빠져 나와서 항내의 계류지로 들어간다.

15. 운하 통항

> ***유토피아*** 호는 양하와 적하를 하면서 ***스케드홀름*** 항에서 한동안을 보낸다. 하지만 드디어 이 배는 출항준비가 갖추어지고 결빙해역을 지나고 나서는 ***남서*** 방향으로 평온한 항해를 한다. 나날이 날씨는 따뜻해지고 바다는 고요해진다. 그리고 드디어 어느 날 저녁 늦게 이 배는 ***상 페드로*** 항과 ***오틀라*** 운하 입구에 이르는 리시빙 포인트로 접근하면서 ***망그로브 헤드***에 있는 해상 무선국을 호출한다.

망그로브 헤드, 여기는 ***유토피아***. 오버.

유토피아, ***망그로브 헤드***. 채널 *8*. 오버.

망그로브 헤드, 여기는 ***유토피아***. 본선은 *1*시간 이내에 항로 부표에 도착합니다. 본선은 ***상 페드로***에서 연료와 청수를 싣고 ***오틀라*** 운하를 통과하고자 합니다. 본선에 대한 지시사항은 무엇입니까? 오버.

유토피아, 여기는 ***망그로브*** 헤드.
귀선은 제 *2*번 돌제(제티)에 계류하게 됩니다.
귀선의 정박지는 지금 비어 있습니다.
(운하)통항은 지방시 *2000*시에 시작됩니다.

> ***유토피아*** 호는 ***상 페드로***의 정박지로 항진하고, 거기서 연료와 청수를 적재한다. 지방시 *1930*시에 도선사가 승선하고 ***오틀라*** 운하 통과를 위해 정박지를 떠난다.

Otlar Radio, this is *Utopia*. Over.

Utopia, *Otlar* Radio; channel *10*. Over.

Utopia, this is *Otlar* Radio.

What is your draught and what is your height?

Otlar Radio, *Utopia*. My maximum draught is *9* meters and my height is *30* meters.

Utopia, *Otlar* Radio.

Report arrival at way point, *Nobrega* Buoy.

Utopia receives more precise instructions for navigating the Canal

Otlar Radio, this is *Utopia*. I am at waypoint. *Nobrega* Buoy. What time can I enter the Canal?

Utopia, this is *Otlar* Radio.

You will enter the Canal at *2030* hours local time.

Transit speed is *8* knots.

And then, just before *2030* hours local time :–

Utopia, this is *Otlar* Radio. You must close up on vessel ahead of you. Distance between ships is *two* cables.

Utopia continues along the Canal keeping a sharp look–out for the crowded ferries crossing the water. In the early hours of the morning she receives further others :–

Utopia, this is *Otlar* Radio. You must wait at east lock lay–by. You must wait for lock clearance until *0130* hours local time. You will enter east lock at *0145* hours local time, when all *east*bound vessels have passed your vessel.

오틀라 무선, 여기는 *유토피아*. 오버.

유토피아, 여기는 *오틀라* 무선. 채널 *10*. 오버.

유토피아, 여기는 *오틀라* 무선.

귀선의 흘수를 알려 주십시오. 귀선의 높이는 얼마입니까?

오틀라 무선, 여기는 *유토피아*. 본선의 최대 흘수는 *9*미터, 높이는 *30*미터입니다.

유토피아, *오틀라* 무선국입니다.

통과지점(웨이포인트)인 *노브리*가 부표에 도착하면 보고하십시오.

유토피아 호는 운하 항행을 위한 더욱 상세한 지시를 받는다.

오틀라 무선국, 여기는 *유토피아*. 본선은 노브리가 웨이포인트에 있습니다. 운하에는 몇 시에 들어갈 수 있습니까?

유토피아, 여기는 *오틀라* 무선국.

귀선은 지방시 *2030*시에 운하로 들어갈 예정입니다.

통과속력은 *8*노트입니다.

그 때 마침 지방시로 *2030*시 직전에 다음 통보를 듣는다 :–

유토피아, 여기는 *오틀라* 무선. 전방의 선박에 더 접근하십시오. 선박간 거리는 *2* 케이블입니다.

유토피아 호는 수로를 횡단하는 페리들을 엄중한 견시를 하면서 운하를 따라 계속하여 항행한다. 아침 이른 시간에 이 배는 다시 지시를 받는다. :–

유토피아, 여기는 *오틀라* 무선. 귀선은 *동*수문의 대기해역에서 대기하십시오. 귀선은 지방시 *0130*시까지 수문통과를 기다리십시오. 귀선은 지방시 *0145*시에 *동*수문으로 들어가게 됩니다. 그때에는 *동쪽*으로 향하는 모든 선박이 귀선을 통과한 뒤입니다.

A busy night ahead for *Utopia*. She moors safely at about *0115* hours local time to let the *east*bound vessels through, and soon *three* vessels pass her, going down the Canal by which she arrived. As soon as the lock is clear she prepares to enter. She passes through the remainder of the Canal. and its various locks uneventfully during the night, and dawn is breaking when finally she leaves the last lock, drops her pilot, and heads for the open sea once more. This time She is enroute for Port *Aloahoa* in the *Kotorga* Isles. She's *14* days out and making good time in fair weather, when one evening the barometer starts to fall rapidly and the following storm warning is picked up over the radio:-

16. Tropical Storm

Tropical storm *Zoe* at *1600* hours Greenwich Mean Time was moving in direction *200* degrees at *10* knots with maximum winds force *11*. The storm centre was in position *15* degrees *20* minutes…

The Captain of *Utopia* immediately plots the storm and its probable course and finds that, as things are at present, he's heading directly into its path. He decides to alter course, and realizing a sister ship, the *Phantasia*, is also in the neighbour hood, he calls her up to try to find out more about the weather situation.

Phantasia, Phantasia, this is *Utopia*. How do you read me?

Utopia, this is *Phantasia*. I read you fair, with signal strength *3*.

Phantasia, this is *Utopia*. What is your latest tropical storm warning information?

I have no information tropical storm,

but my atmospheric pressure is *983* millibars

and its change is a drop of *3* millibars in the last hour.

What is the position, direction and speed of the tropical storm center?

Do you have any more information?

유토피아 호는 분주한 밤을 맞는다. 이 배는 동행하는 선박을 통과시키려고 지방시 0115시경에는 안전하게 계류한다. 그러자 곧 선박 3척이 이 배의 옆을 지나서 유토피아 호가 온 운하를 따라 내려간다. 수문에 장해가 없어져 즉시 이 배는 들어갈 준비를 한다. 밤사이에 유토피아 호는 무사히 여러 수문을 지나서 운하의 나머지 부분을 통과한다. 드디어 마지막 수문을 나와서 도선사를 하선시키고, 이 배가 다시 드넓은 대양으로 향할 즈음에 동이 트기 시작한다. 이번에는 이 배는 코토르가 군도의 알로아호아 항으로 가는 길에 있다. 유토피아 호는 14 일간을 대양에 있으면서 맑은 날씨에 좋은 항해를 계속하고 있다. 그런데 어느 날 밤에 갑자기 기압계가 급강하를 보이고 라디오에서 다음과 같은 폭풍경보가 청취되었다 :–

16. 열대성 폭풍

세계시로 1600 시 현재, 열대성 저기압(폭풍) 조이가 10노트의 속력으로 200도 방향으로 진행하고 있으며 최대풍력은 11입니다. 저기압의 중심 위치는 15도 20분 …

유토피아 호 선장은 즉시 저기압(의 중심)과 그 예상 진로의 위치기입을 하고, 현 상태로 가면 이 선박이 저기압의 경로로 똑바로 향하고 있음을 알아낸다. 선장은 곧 변침하기로 결정하고 또 자매선인 판타지아 호도 부근에 있음을 깨닫고 날씨의 상황에 관하여 더 상세히 알 수 없을까 하여 그 배를 호출한다.

판타지아, 판타지아. 여기는 유토피아. 감도(명료도)는 어떻습니까?

유토피아. 여기는 판타지아. 감도는 상당히 좋습니다. 감도 3입니다.

판타지아. 여기는 유토피아. 귀선의 열대성 폭풍경보에 관한 최신정보는?

본선은 열대성 저기앙의 통보를 받지 못했습니다.
하지만 이쪽의 기압은 983 밀리바이고
변화량은 지금 1시간당 3밀리바의 강하입니다.
열대성 저기압의 중심위치와 방향, 속력을 알려 주십시오.
귀선은 다른 정보도 알고 있습니까?

Phantasia, this is *Utopia*. Yes, radio warning just received stated tropical storm *Zoe* at *1600* hours Greenwich Mean Time reported moving in direction *200* degrees at *10* knots with maximum winds force *11*. The storm centre at that time was in position *15* degrees *20* minutes *south*, *160* degrees *20* minutes *east*. I am now heading *north-west* to avoid the storm centre.

Thank you, *Utopia*.

Yes, I will also alter course to avoid the storm. Out.

Both vessels successfully avoid the storm, and *two* days later on a beautiful evening, the palm trees that fringe the natural harbour of Port *Aloahoa* come into view on the horizon lit by the setting sun. Soon *Utopia* moored to a buoy, safe inside the reef, and most of her ships company are preparing to go ashore at last.

판타지아. 여기는 *유토피아*. 예, 마침 청취한 라디오 경보로는 열대성 저기압 *조이*는 세계시로 *1600*시 현재, 최대풍력 *11*이고 *200*도 방향으로 *10*노트의 속력으로 진행 중이라는 보도가 있었다고 합니다. 당시의 저기압 중심위치는 *남위 15*도 *20*분, *동경 160*도 *20*분입니다. 본선은 지금 저기압의 중심을 피하기 위해 *북서*로 항행중입니다.

감사합니다. *유토피아*.

예, 본선도 폭풍을 피하기 위해 변침하겠습니다. 아웃.

두 선박은 성공적으로 폭풍을 피하고 *2*일 후의 아름다운 저녁에 천연항인 *알로아호아* 항의 주변을 둘러싸고 있는 야자수가 석양에 빛나는 수평선상에 떠오른다. 이윽고 *유토피아* 호는 부표에 계류되고 안전하게 리프 내부로 수용되어 선박 승무원의 대부분이 드디어 상륙할 준비를 하고 있다.

III. VHF 통신 편

[일러두기]

선내에서 VHF 통신기를 운용하는 자에게 무선전화의 사용절차에 관한 지식과 특히 조난·긴급·안전 및 항행통보에 관해서 VHF를 사용할 능력을 갖게 할 필요에 의해서 IMO 결의 A. 474(XII)로 채택된 것이 '해상 VHF 사용지침'이다. 또한, 전 세계의 선원·도선사·수색 및 구조책임자·선박회사직원·해양대학교수 등에 의해 권고를 연구하고 개발하여 발간된 책자가 '해상통신지침(Seaspeak Manual)'이다.

특히 VHF채널의 잘못된 사용이 긴급한 통신에 방해가 되고 해상안전에 위험을 초래한다는 점을 인식하여 올바르게 사용하도록 유의해야 할 것이다.

추가해서 해상에서의 VHF 무선전화통화 및 조난·긴급·안전통신의 실례를 수록하여 참고가 되도록 하였다.

Chapter 1 Guidance on the Use of VHF at Sea by IMO

1. VHF Communication Technique

(1) Preparation

Before transmitting, to think about the subjects which have be communicated and, if necessary, prepare written notes to avoid unnecessary interruptions and ensure that no valuable time is wasted on a busy channel.

(2) Listening

Listen before commencing to transmit to make certain that the channel is not already in use. This will avoid unnecessary and irritating interference.

(3) Discipline

VHF equipment should be used correctly and in accordance with the Radio Regulations. The following in particular should be avoided :

1) calling on Channel 16 for purposes other than distress, urgency and very brief safety communications when another calling channel is available :
2) communications not related to safety and navigation on port operation channels:
3) non-essential transmissions, e. g . needless and superfluous signals and correspondence :
4) transmitting without correct identification :
5) occupation of one particular channel under poor conditions :
6) use of offensive language.

(4) Repetition

Repetition of words and phrases should be avoided unless specifically requested by the receiving station.

제 1 장　IMO의 해상 VHF 사용지침

1. VHF 통신방법

(1) 준 비

송신 전에 송신해야 할 사항을 검토하고, 불필요한 교신을 피하고 통화중인 채널에 귀중한 시간이 낭비되는 일이 없도록 하기 위하여 필요한 경우 글로 써서 미리 준비한다.

(2) 청 취

송신을 시작하기 전에 그 채널이 이미 사용 중이 아니라는 것을 확인하기 위하여 미리 청취한다. 이렇게 하면 불필요하고 거슬리는 혼선을 피하게 된다.

(3) 규 율

VHF 장치는 바르게 그리고 무선통신규칙에 따라 사용하여야 한다. 특히 다음과 같은 일은 피해야 한다.

1) 다른 호출용 채널을 이용할 수 있는 경우에 조난 · 긴급 및 아주 간단한 안전통신 이외의 다른 목적으로 채널 16에서 호출하는 일.
2) 항만운용 채널로 안전과 항해에 관계없는 통신을 하는 일.
3) 긴급하지 않은 송신, 예컨대 불필요하고 쓸데없는 통신을 하는 일.

4) 정확한 식별표시 없이 송신하는 일.
5) 불량한 상태에서 특정 채널 하나를 점유하는 일.
6) 무례한 언어를 사용하는 일.

(4) 반 복

단어 또는 어구의 반복은 수신국에서 특별히 요구하지 않는 한 피해야 한다.

(5) Power reduction

When possible, the lowest transmitter power necessary for satisfactory communication should be used.

(6) Communication with shore stations

1) Instructions given on communication matters by shore stations should be obeyed.
2) Communications should be carried out on the channel indicated by the shore station. When a change of channel is requested, this should be acknowledged by the ship.
3) On receiving instructions from a shore station to stop transmitting, no further communications should be made until otherwise notified (the shore station may be receiving distress or safety messages and any other transmissions could cause interference).

(7) Communications with other ships

1) During ship-to-ship communications the ship called should indicate the channel on which further transmissions should take place. The calling ship should acknowledge acceptance before changing channel.
2) The listening procedure outlined in paragraph (2) should be followed before communication are commenced on the chosen channel.

(8) Distress communications

1) Distress call/messages have absolute priority over all other communication. When hearing them all other transmissions should cease and a listening watch should be kept.
2) Any distress call/message should be recorded in the ship's log and passed to the master.
3) On receipt of a distress message, if in the vicinity, immediately acknowledge receipt. If not in the vicinity, allow a short interval of time to elapse before acknowledging receipt of the message in order to permit ships nearer to the distress to do so.

(5) 출력저감

가능하면 만족할 만한 통신을 하는데 필요한 최저의 송신출력을 사용해야 한다.

(6) 해안국과의 통신

1) 통신사항에 관한 해안국의 지시는 준수해야 한다.
2) 통신은 해안국이 지정한 채널로 실시해야 한다. 채널 변경을 요구받은 때에는 선박 측에서 알았다는 사실을 알려야한다.

3) 해안국으로부터 송신중지의 지시를 받을 때에는 별도의 통고가 없는 한 더 이상 통신을 하여서는 안 된다. (해안국은 조난 또는 안전통보를 수신 중일지도 모르며 또한 다른 송신에 방해를 일으킬 수도 있다)

(7) 다른 선박과의 통신

1) 선박 상호간의 통신 중에는 호출된 선박이 앞으로 통신에 사용할 채널을 알려줘야 한다. 호출하는 선박은 채널을 변경하기 전에 수락한 사실을 알려야 한다.

2) (2)항에서 설명한 청취절차는 선정한 채널로 통신을 시작하기 전에 이행해야 한다.

(8) 조난통신

1) 조난호출/통보는 다른 모든 통신보다도 절대적인 우선권을 갖는다. 이러한 통신을 청취했을 때에는 다른 모든 송신은 중지하고 청취규칙을 유지해야 한다.

2) 어떠한 조난호출/통보도 선용 항해일지에 기재하고 선장에게 보고해야 한다.

3) 조난통보를 수신했을 때, 만일 조난선박의 근처에 있으면 즉시 수신을 확인하고, 조난선박의 근처에 있지 않은 경우에는 수신을 확인하기 전에 조난선에 더 가까운 곳에 있는 선박들이 수신을 확인할 수 있도록 잠시 동안 간격을 두어야 한다.

(9) Calling

1) Whenever possible, a working frequency should be used. If a working frequency is not available, Channel 16 may be used, provided it is not occupied by a distress call/message.
2) In case of difficulty to establish contact with a ship or shore station, allow adequate time before repeating the call. Do not occupy the channel unnecessarily and try another channel.

(10) Changing channels

If communications on a channel are unsatisfactory, indicate change of channel and await confirmation.

(11) Spelling

If spelling become necessary (e. g. descriptive names, call signs, words which could be misunderstood) use the spelling table contained in the International Code of Signals and the Radio Regulations.

(12) Addressing

The words "1" and "You" should be used prudently. Indicate to whom they refer.

[Example]

"Seaship, this is Port Radar, Port Radar. Do you have a pilot?"

"Port Radar, this is Seaship. I do have a pilot."

(13) Watchkeeping

1) Ships fitted only with VHF equipment should maintain watch on Channel 16 when at sea.
2) Other ships should, where practicable, keep watch on Channel 16 when within the service area of a shore station capable of operating on that channel.
3) In certain cases Governments may require ships to keep a watch on other channels.

(9) 호 출

1) 가능한 경우에는 언제나 통신주파수를 사용해야 한다. 통신주파수를 이용할 수 없는 경우에는 조난 호출/통보가 사용 중이 아닌 조건에 한하여 채널 16을 사용할 수 있다.

2) 선박이나 해안국과 연락 설정이 어려운 경우에는 호출을 반복하기 전에 적절한 시간의 간격을 두어야 한다. 불필요하게 그 채널을 계속 사용하지 말고 다른 채널 사용을 시도해 본다.

(10) 채널변경

하나의 채널로 통신이 만족스럽지 못한 경우에는 채널변경을 지시하고 확인을 기다린다.

(11) 철자표기

만일 철자가 필요하면 (예를 들면, 서술적인 선명, 호출부호, 착오의 가능성이 있는 단어) 국제신호서와 무선통신규칙에 포함된 철자표를 사용한다.

(12) 수신인, '앞'

"I"와 "You" 라는 단어는 신중히 사용해야 한다. 즉 누구를 지칭하는 가를 지시한다.

예)

"시쉽, 여기는 포트 레이더, 포트 레이더. 도선사가 승선하고 있는가? "

"포트레이더, 여기는 시쉽. 본선에 도선사가 승선하고 있음."

(13) 당 직

1) VHF 장치만을 설치하고 있는 선박은 항해중인 때에는 채널 16으로 청취를 유지해야 한다.
2) 실행 가능하면, 다른 선박들은 해당 채널에서 작동 할 수 있는 해안국의 통신권 내에서 채널 16으로 청취를 계속하여야 한다.
3) 특별한 경우에 정부 당국은 다른 채널로 청취를 유지하도록 선박에 요구할 수 있다.

2. VHF Communication Procedure

2. 1 Calling

When calling a shore station or another ship, say the name of that shore station or ship once (twice if considered necessary in heavy radio traffic conditions) followed by the phrase THIS IS and the ship 's name twice, indicating the channel in use.

[Example]

"Port City, this is Seastar, Seastar. On channel 14."

2. 2 Exchange of messages

(1) When communicating with a ship whose name is unknown but whose position is known, that position may be used. In this case the call is addressed to all ships.

[Example]

"Hello all ships, this is Pastoria, Pastoria. Ship approaching number four buoy. I am passing Belinda Bank Light."

(2) Where a message is received and only acknowledgement of receipt is needed, say "received." Where a message is received and acknowledgement of the correct message is required, say "received, understood", and repeat message if considered necessary.

[Example]

Message : "Your berth will be clear at 0830 hours."

Reply : "Received, understood. Berth clear at 0830 hours."

(3) During exchange of messages, a ship should invite a reply by saying "over."

(4) Where appropriate, the following message should be sent :

"Please use / I will use the Standard Marine Navigational Vocabulary."

When language difficulties exist which cannot be resolved by use of the Vocabulary, the International Code of Signals should be used.

In this case the word "INTERCO" should precede the groups of the International Code of Signals.

[Example]

"Please use/I will use the International Code of Signals."

2. VHF 통신절차

2. 1 호출

해안국 또는 다른 선박을 호출하는 때에는 해당 해안국이나 선박의 이름을 1회(무선통신이 폭주한 상황에서 필요하다고 생각하면 2회) 말하고, 이어서 'This is' 의 어절 및 선박이름 2회와 다음에 사용할 채널을 표시한다.

예)

"포트 시티, 여기는 시스타, 시스타. 채널 14로 나오시오."

2. 2 통보의 교환

(1) 선명은 알 수 없으나 위치는 알고 있는 선박과 통신할 때에는 그 위치를 사용할 수 있다. 이러한 경우에 호출은 모든 선박 앞으로 한다.

예)

"모든 선박에게 알림, 여기는 패스토리아, 패스토리아. 제 4번 부표에 접근중인 선박, 본선은 벨린다 뱅크 등대를 통과 중임."

(2) 통보를 수신하고 수신확인이 필요한 경우에는 "Received(수신했음)" 이라고 말한다. 통보를 수신하고 정확한 통보의 확인을 요구받은 때에는 "Received, Understood (수신했음, 이해했음)"이라고 말하고, 필요하다고 생각되면 통보 내용을 반복한다.

예)

통보 : "귀선의 선석은 0830에 비게 됨."

응답 : "수신했음, 선석이 0830에 비게 된다는 것을 이해했음.

(3) 통보를 교환하는 동안, 선박은 "over" 라고 말하고, 상대방의 응답을 기다려야 한다.

(4) 적당한 경우에는 다음과 같은 통보를 보내야 한다.

" 표준해사항해용어를 사용하시오/사용하겠습니다."

표준해사항해용어집을 사용하여 해결할 수 없는 언어소통의 어려움이 있을 때에는 국제신호서를 사용해야 한다.

이 경우에는 "INTERCO" 라는 낱말을 국제신호서의 어군 앞에 전치하여야 한다.

예)

"국제신호서를 사용하시오/사용하겠습니다."

(5) When the message contains instructions or advice, the substance should be repeated.

[Example]

Message : "Advise you pass astern of me."

Reply : "I will pass astern of you."

(6) If a message is not properly received, ask for it to be repeated by saying "Say again."

(7) If a message is received but not understood, say "Message not understood."

(8) If it is necessary to change to a different channel say "Change to channel…" and wait for acknowledgment before carrying out the change.

(9) The end of a communication is indicated by the word "out."

3. Standard Messages

1) Since most ship-to-shore communications are exchanges of information, it is advisable to use standard messages which will reduce transmission time.

2) Commonly used standard messages are given in the following Table and examples. Further samples of standard messages are given in the Standard Marine Navigational Vocabulary, which should be used whenever possible.

(5) 통보가 지시 또는 권고를 포함한 경우에는 통보의 요지를 반복해야 한다.

예)

통보 : "본선의 선미를 통과하기를 권고함."

응답 : "귀선의 선미를 통과하겠음."

(6) 통보를 정확히 수신하지 못한 경우에는 "Say again" 이라고 말하면서 통보를 반복해 주기를 청구한다.

(7) 통보를 수신했으나 이해하지 못한 경우에는 "Message not understood (통보를 이해하지 못하였음)" 이라고 말한다.

(8) 만약 다른 채널로 변경할 필요가 있으면 "Change to channel … (채널 …으로 변경하시오)"라고 말하고 변경하기 전에 변경 수락의 확인을 기다린다.

(9) 통신의 종료는 "out" 이라는 말로 표시한다.

3. 표준통보

(1) 대부분의 선박과 해안국 간의 통신은 정보의 교환이기 때문에 송신시간을 단축시키는 표준 통보를 사용하는 것이 바람직하다.

(2) 보통으로 사용되는 표준통보는 다음의 표와 예문에 제시되어 있다. 표준해사 항해용어집에 수록된 표준통보의 더 많은 예문은 가능하면 이를 사용해야 한다.

4. Table of Standard Messages

Standard message / Type \ Items	1 Addressee	2 Nationality of ship	3 Name of ship	4 call sign	5 Position	6 Course/Speed	7 Last port	8 Destination	9 ETA(pilot or area)	10 Pilot details	11 Gross tonnage/length	12 Draught	13 Cargo(kind and quantity)	14 Stowage	15 Malfunctions	16 Intended route	17 ETA next way point	18 VHF channel	19 Agent	20 Vocabulary/Part3 /paragraph	complement of message
Contacting message	×		×															×			
Arrival message (see note1)	×	×	×	×			×	×	×	×	×	×	×	×	×				×	4	
ETA message/ETD message	×	×	×	×					×											4	
Pilot request message	×		×					×	×											9	requests pilot
Radar Identification message	×		×		×	×														11	
Dangerous cargo message(see note2)	×		×										×	×							
Way point message	×		×		×												×			7.18	
Anchoring message	×		×		×															3	is anchored
Clearance message	×		×		×			×								×					requests clearance
Change channel message	×		×					change to channel										×			
Incident message(see note3)	×		×		×										×					2	I am sinking/aground/in collision /on fire/leaking oil(chemicals) /not under command

Note 1 : Often sent by radiotelegraphy or radiotelephony.

Note 2 : All ships carrying dangerous goods should give prior advice to the port authority at least 24 hours before entry into the port area or where this is not practicable (e.g.short sea passage) as early as possible prior to entry into the port area;see MSC/Circ. 299.

Note 3 : In the case of a distress, urgency or safety message, the corresponding prefix Mayday, Pan Pan or Securite has to be made.

4. 표 준 통 보 표

강경희 / 항 목 — 종 류	1 수신인	2 선박의 국적	3 선명	4 호출부호	5 위치	6 침로/속력	7 최후의 기항지	8 목적항	9 도착 예정 시간 (도선사의 대기소/수역)	10 도선사의 상세한 사항	11 총톤수/길이	12 흘수	13 화물(종류·양)	14 적재 장소	15 고장상태	16 예상 통항로	17 다음 통과지점의 도착 예정 시간	18 VHF 채널	19 대리점	20 용어·제3부·항목	통보의 보완
연락 통보	×		×															×			
도착 통보(주1)	×	×	×	×			×	×	×	×	×	×	×	×	×				×	4	
도착/출항 예정시간 통보	×	×	×	×					×											4	
도선사 요청 통보	×		×					×	×											9	도선사를 요청한다.
레이더 식별 통보	×		×		×	×														11	
위험화물 통보(주2)	×		×										×	×							
통과지점 통보	×		×		×												×			7.18	
투묘 통보	×		×		×															3	투묘하다
출항허가 통보	×		×		×			×								×					출항허가를 요청한다.
채널변경 통보	×		×					change to channel										×			
사고 통보	×		×		×										×					2	**본선은** – 침몰 중/좌초함/충돌함/화재발생/기름이 새고 있음/운전 부자유선임

주1 : 무선전신 또는 무선전화로 보내지는 수가 많음.

주2 : 위험화물 운송선은 모두 입항 전에 적어도 24시간 전에 또는 불가능한 경우에는(예:달거리 항해) 입항 전에 가급적 조속히 항만당국에 사전 통보를 할 것. MSC/Circ.299 참조

주3 : 조난, 긴급 또는 안전통보의 경우는 메이데이, 팡팡, 시큐리티와 같은 해당 접두어를 사용할 것.

5. Examples of Standard Messages

Message	Example
First Contact message (see note)	Port City, this is Seaship, Seaship, On channel 14, over. (addressee) (sender) (sender) (VHF Channel)
Arrival message	Port City, this is United Country ship Seaship, call sign Alpha Bravo Charlie Delta, (addressee) (nationality) (sender) (call sign) from Lake Town, to harbour No.2, ETA 1400, I require a river pilot, my length is 150 (last port) (destination) (ETA) (pilot details) (gross tonnage/length) metres, my draught is 9 metres, I am carrying dangerous cargo, 300 tons IMDG class (draught) (cargo) 4.1, in No.4 hold, my forecastle is damaged and my radar is not working, my Agent (stowage) (malfunctions) is Cargo Services Company, over. (agent)
ETA message	Pilot station, this is Island Republic ship Seaship, call sign Mike Oscar Papa Delta, (addressee) (nationality) (sender) (call sign) my ETA pilot station 0600, over. (ETA)
Pilot request message	Port City, this is Seaship, I am bound for North Harbour, ETA 0600, I require a pilot (addressee) (sender) (destination) (ETA) over.

Note : Call on working channel. Only use Channel 16 when working channel is not known.

5. 표준 통보의 예문

통보	예문
최초의 연락 통보 (주 참조)	포트 시티, 여기는 시쉽, 시쉽, 채널 14로 교신 바람, 오버. (수신인) (발신인) (발신인) (VHF 채널)
도착 통보	포트 시티, 여기는 유나이티드 컨트리 선박 시쉽, 호출부호 알파 부라보 찰리 델타, (수신인) (국적) (발신인) (호출 부호) 레이크 타운에서 출항하여, 제 2항에, 1400에 도착 예정임, 본선은 리버 파일럿 요청함. (최후의 기항지) (목적항) (도착예정시간) (도선사의 상세한 사항) 본선 길이 150m, 흘수 9m, 본선은 IMDG 클라스 4.1, 300톤의 위험화물을 운송중임. (총톤수/길이) (draught) (화물) 제 4번창에 적재, 선수부 손상, 레이더 작동불능, 본선 대리점은 카고 서비스 회사임, 오버. (적재장소) (고장상태) (대리점)
도착 예정시간 통보	파일럿 스테이션, 여기는 아일랜드 리퍼블릭 선박 시쉽, 호출부호 마이크 오스카 파파 델타, (수신인) (국적) (발신인) (호출부호) 본선의 파일럿 스테이션 도착 예정시간은 0600시임, 오버. (도착예정시간)
도선사 요청 통보	포트 시티, 여기는 시쉽, 본선은 노스 하버로 향하고 있음, 도착예정시간은 0600, (수신인) (발신인) (목적항) (도착예정시간) 본선은 파일럿을 요청함, 오버.

주: 통신채널로 호출할 것. 통신 채널을 모르는 때에만 채널 16을 사용할 것.

Message	Example
Radar identification message	Radar Station, this is Seaship, my position is 090 degrees two miles from lighthouse, (addressee) (sender) (position) course 300, speed 20 knots, over. (course/speed)
Dangerous cargo message	Port City, this is Seaship I am carrying 100 tons CHLOROBENZENE, IMDG CLASS 3.3, (addressee) (sender) (dangerous cargo) UN No.1134, in Centre tank No.7, etc, etc, over. (stowage)
Way point message	Port City, this is Seaship I am at way point No. 1, my ETA way point No.2 at 1600, (addressee) (sender) (position) (ETA next way point) over.
Anchoring message	Port City, this is Seaship, I am anchored in position 200 degrees one mile from (addressee) (sender) (position) breakwater, over.
Clearance message	Port City, this is Seaship, I am berthed at Harbour Quay, bound for the Roads, (addressee) (sender) (position) (destination) via South Channel, I request clearance, over. (intended route)
Change of channel message	Port City, this is Seaship, change to channel 10, over. (addressee) (sender) (VHF channel) *Note : Await acknowledgement before changing.*

통 보	예 문
레이더 식별 통보	레이더 스테이션, 여기는 시십, 본선 위치는 등대에서 090도 2마일임. (수신인) (발신인) (위치) 침로 300도, 속력 20 노트, 오버. (침로/속력)
위험 화물 통보	포트 시티, 여기는 시십, 본선은 IMDG 클라스 3.3 유엔 넘버 1134인 클로로벤젠 100톤을 (수신인) (발신인) (위험 화물) 센터 탱크 제7번에 적재하여 수송중임, 등, 등, 오버. (적재 장소)
통과 지점 통보	포트 시티, 여기는 시십, 본선은 제1번 통과지점에 있음, 본선의 제2번 통과지점 도착 (수신인) (발신인) (위치) (다음통과지점의 도착예정시간) 예정시간은 1600시임, 오버.
투묘 통보	포트 시티, 여기는 시십, 본선은 방파제에서 200도 1마일 위치에 투묘하였음, 오버. (수신인) (발신인) (위치)
출항 통보	포트 시티, 여기는 시십, 본선은 항만앞바다에 계류함.사우스 채널 경유 항외 정박지로 향함. (수신인) (발신인) (위치) (예상 통항로) (목적항) 출항허가를 요청함, 오버.
채널 변경 통보	포트 시티, 여기는 시십, 채널 10으로 변경하시오, 오버. (수신인) (발신인) (VHF 채널) *주 : 변경 전에 확인을 기다릴 것.*

6. Examples of Incident Messages

Message	Example
Distress (1) Call (2) Message	MAYDAY, MAYDAY, MAYDAY, this is Seaship, Seaship, Seaship. (prefix 3×) (sender 3×) MAYDAY, Seaship, my position is 180 degrees one mile from buoy number 10, (position) I am sinking, I require immediate assistance, over.
Urgency (1) Call (2) Message*	PAN PAN, PAN PAN, PAN PAN, Hello all stations, Hello all stations, Hello all stations, this is Seaship, Seaship, Seaship. (prefix 3×) (3×) My position is 180 degrees one mile from buoy number 10, I have been in collision and need (position) the assistance of a tug.
Safety (1) Call (2) Message**	Sécurité, Sécurité, Sécurité, Hello all stations, Hello all stations, Hello all stations, this is Seaship, Seaship, Seaship, (prefix 3×) (3×) My position is 180 degrees one mile from buoy number 10, My engines are broken down and (position) I am anchoring in the northbound traffic lane. Request ships keep clear, over.
Minor incident	Other minor incidents may occur within harbour limits when it is desirable to notify the harbour office as follows : Port City, this is Seaship, My position is 180 degrees one mile from buoy number 10, (addressee) (sender) (position) I have lost my anchor and buoyed it in position two miles East of Head Point, over.

* Messages preceded by the urgency signal are normally addressed to "all stations" but may be addressed to a particular station. Whichever chosen would be included in the call after PAN PAN.

** Messages preceded by the safety signals are normally addressed to "all stations" but may be addressed to a particular station. Whichever chosen would be included in the call after Securite, The announcement should be made on Channel 16 but message shall be transmitted, where practicable, on a working frequency.

6. 사고 통보의 예문

통 보		예 문
조 난	(1) 호 출	메이데이, 메이데이, 메이데이, 여기는 시쉽, 시쉽, 시쉽. (접두어 3회 반복) (발신인 3회 반복)
	(2) 통 보	메이데이, 시쉽, 본선 위치는 제10번 부표에서 180도 1마일임. (위치) 본선은 침몰 중임, 즉시 구조를 요청함. 오버.
긴 급	(1) 호 출	팡팡, 팡팡, 팡팡, 전 무선국 전 무선국 전 무선국,. (접두어 3회 반복)
	(2) 통 보*	여기는 시쉽, 시쉽, 시쉽, 본선 위치는 제10번 부표에서 180도 1마일임. (발신인 3회 반복) (위치) 본선은 충돌하였음. 예선의 구조를 요청함.
안 전	(1) 호 출	시큐리티, 시큐리티, 시큐리티, 전 무선국, 전 무선국, 전 무선국, (접두어 3회 반복)
	(2) 통 보**	여기는 시쉽, 시쉽, 시쉽, 본선 위치는 제 10번 부표에서 180도 1마일임. (발신인 3회 반복) (위치) 본선 기관이 완전히 고장나 북쪽 통항로에 투묘 중임. 모든 선박은 피하도록 요망함. 오버.
사소한 사고		기타 사소한 사고가 항구 내에서 발생하는 수가 있다. 다음과 같이 항만사무소에 통보하는 것이 바람직함. 포트 시티, 여기는 시쉽, 본선 위치는 제 10번 부표에서 180도 1마일임. (수신인) (발신인) (위치) 본선은 헤드포인트 동쪽 2마일 지점에서 묘를 분실하고 부표를 달아 두었음.

* 긴급신호 다음에 보내는 통보는 보통 "전 무선국" 앞으로 하지만 특정 무선국에 보낼 수도 있다. 선정된 무선국은 팡팡 다음의 호출내용에 포함된다.

** 안전신호 다음에 보내는 통보는 보통 "전 무선국" 앞으로 하지만 특정 무선국에 보낼 수도 있다. 선정된 무선국은 시큐리티 다음의 호출내용에 프함된다. 통보예고는 채널 16으로 하나 통보내용은 가능하면 통신 주파수로 송신해야 한다.

Chapter 2 Seaspeak Manual

1. VHF Procedures

(1) Exchange Procedure

This applies when two or more stations achieve communication with each other.
This section explains how to make contact and maintain contact with another station.

① How to Conduct an Exchange

1) Initial Call

(a) Address

(b) Identify (preceded "This is …")

(c) State VHF channel on which call is being made
(on VHF channel …)

(d) Over

* The identification of the station will normally consist of one or more of the name, call sign, ship description, position, course and speed.

2) Respond to Call

(a) Address(the identification of the station that made the Initial Call)

(b) Identify
(the identification of the station making the Respond to Call)

(c) Over

– If the Initial Call was made on the working VHF channel the controlling station should now proceed to step 5) (Message Transmission).

3) Indicate Working VHF Channel

(a) Address and identify

(b) Indicate working VHF channel (switch to VHF channel …)

(c) Over

제 2 장 해상 통신 지침

(역주) 해상통신지침 중에서 "해상 VHF 사용지침"과 중복되는 내용은 생략하고 특기할 내용만을 발췌하였다.

1. VHF 통신절차

(1) 교신절차

이 교신절차는 둘 또는 그 이상의 무선국이 서로 통신할 때에 적용된다.

여기서는 다른 무선국과 연락을 어떻게 설정하고 유지하는가의 그 방법을 설명한다.

① 교신의 실시방법

1) 최초 호출

(a) 수신인

(b) 식별표시 ("This is …" 다음에)

(c) 호출이 행해지고 있는 채널의 명시

(채널 …로 나오시오)

(d) 오버 (over)

* 식별표시는 선명, 호출부호, 선박의 종류, 위치, 침로 및 속력 중의 하나 또는 그 이상으로 표시한다.

2) 호출에 대한 응답

(a) 수신인 (최초 호출한 무선국의 식별표시)

(b) 식별표시

(응답하는 무선국의 식별표시)

(c) 오버

– 최초 호출을 통신용 채널로 한 때는 지휘국은 통신문 송신단계로 들어간다.–

3) 통신용 채널의 표시

(a) 수신인 및 식별표시

(b) 통신용 채널의 표시 (채널 …로 변경하시오)

(c) 오버

4) Agree or Disagree or Ask Working VHF Channel

(a) Address and identify

(b) Agree VHF Channel (Agree VHF channel···

(c) Disagree VHF channel (VHF channel ··· unable)

(d) Ask VHF channel (Which VHF channel ?)

(e) Over

5) Message Transmission

(a) Address and identify

(b) Message

(c) Over

6) Respond to Message Transmission

(a) Address and identify

(b) Response to message

(c) Over

7) End Transmission

(a) Address and identify

(b) Response to previous transmission

(c) Thank you

(d) Out

② Example of Exchange Procedure (I)

Call made on a calling VHF channel (VHF 16 in this case).

4) 통신용 채널사용의 동의, 미동의 또는 확인

(a) 수신인 및 식별표시

(b) 채널의 동의 (채널 … 번 동의합니다)

(c) 채널의 불능 (채널 … 번 불가능합니다)

(d) 채널의 확인 (어느 채널입니까?)

(e) 오버

5) 통신문의 송신

(a) 수신인 및 식별표시

(b) 통신문

(c) 오버

6) 통신문 송신에 대한 응답

(a) 수신인 및 식별조사

(b) 통신문에 대한 응답

(c) 오버

7) 송신종료

(a) 수신인 및 식별표시

(b) 선행 송신에 대한 응답

(c) 감사합니다.

(d) 아웃 (out)

② 교신절차의 실례(Ⅰ)

호출은 호출용 채널(이 경우는 채널 16)로 한다.

Station making the call (Controlling Station)	Station responding to the call
1) Black tanker, position: fairway buoy: black tanker, position : fairway buoy. This is Ratteler, Golf Xray Xray Xray; Rattler, Golf Xray Xray Xray. On VHF channel one-six. Over.	
	2) Rattler, Golf Xray Xray Xray. This is Rose Maru, Juliett Alfa Alfa Alfa, black tanker, position, fairway buoy, over.
3) Rose Maru. This is Rattler. Switch to VHF channel zero-six. Over.	
	4) Rattler, This is Rose Maru. Agree VHF channel zero-six. Over.
Both stations listen on VHF channel 16. Both stations switch their VHF sets to VHF channel 06. Both stations listen on VHF channel 06. (For the purpose of this example VHF channel 06 is assumed to be free.)	
5) Rose Maru. This is Rattler. QUESTION : What is your ETA? Nothing more. Over.	
	6) Rattler. This is Rose Maru. ANSWER : My ETA is one-five-four-zero GMT. Nothing more. Over.

호출을 하는 무선국 (지휘국)	호출에 응답하는 무선국
1) 항로부표에 위치한 흑색 탱커 : 항로부표에 위치한 흑색 탱커. 여기는 래틀러, 골프 엑스레이 엑스레이 엑스레이; 래틀러, 골프 엑스레이 엑스레이 엑스레이. 채널 16으로 나오시오. 오버. 3) 로즈 마루. 여기는 래틀러. 채널 06으로 변경하시오. 오버.	 2) 래틀러, 골프 엑스레이 엑스레이 엑스레이. 여기는 로즈 마루. 줄리엣 알파 알파 알파, 항로부표에 위치한 흑색 탱커임. 오버. 4) 래틀러, 여기는 로즈 마루. 채널 06을 동의함. 오버.
두 무선국은 채널 16을 청취한다. 두 무선국은 채널 06으로 맞추기 위해 채널을 변경한다. 두 무선국은 채널 06을 청취한다. (이 실례의 목적상 채널 06은 통화중이 아닌 것으로 가정한다.)	
5) 로즈 마루. 여기는 래틀러. 질문 : 귀선의 ETA는 언제인가? 더 이상 통신 없음. 오버.	 6) 래틀러. 여기는 로즈 마루. 응답 : 본선 ETA는 15시 40분 GMT임. 더 이상 통신 없음. 오버.

Station making the call (Controlling Station)	Station responding to the call
7) Rose Maru. This is Rattler. Understood. ETA : One-five-four-zero GMT. Thank you. Out.	
Both stations listen for a short period on VHF channel 06. Both stations resume watchkeeping on VHF channel 16.	

③Example of Exchange Procedure (II)

Call made on a working VHF channel (VHF channel 06 in this case)

Station making the call (Controlling Station)	Station responding to the call
1) Black tanker, position : fairway buoy ; black tanker, position: fairway buoy. This is Rettlar, Golf Xray Xray Xray Rattler, Golf Xray Xray Xray. on VHF channel zero-six. Over.	
	2) Rattler, Golf Xray Xray Xray. This is Rose Maru, Juliett Alfa Alfa Alfa, black tanker, position: fairway buoy. Over.
3) Rose Maru. This is Rattler. QUESTION : What is your ETA? Nothing more. Over.	

호출을 하는 무선국 (지휘국)	호출에 응답하는 무선국
7) 로즈 마루. 여기는 래틀러. ETA 15시 40분 GMT 임을 양지했음. 감사합니다. 아웃.	
두 무선국은 채널 06을 잠시 동안 청취한다. 두 무선국은 채널 16으로 청수를 다시 계속한다.	

③ **교신절차의 실례(II)**

호출은 통신용 채널(이 경우는 채널 06)로 한다.

호출을 하는 무선국 (지휘국)	호출에 응답하는 무선국
1) 항로부표에 위치한 흑색 탱커: 항로부표에 위치한 흑색 탱커. 여기는 래틀러, 골프 엑스레이 엑스레이 엑스레이; 래틀러 골프 엑스레이 엑스레이 엑스레이 . 채널 06으로 나오시오. 오버.	
	2) 래틀러. 골프 엑스레이 엑스레이 엑스레이. 여기는 로즈 마루, 줄리엣 알파 알파 알파, 항로부표에 위치한 흑색 탱커임. 오버.
5) 로즈 마루, 여기는 래틀러. 질문 : 귀선의 ETA는 언제인가? 더 이상 통신 없음. 오버.	

Station making the call (Controlling Station)	Station responding to the call
      7) Rose Maru. This is Rattler. Understood, ETA : one-five-four-zero GMT. Thank you . Out.	6) Rattler. This is Rose Maru. ANSWER : My ETA is : one-five-four-zero GMT. Nothing more. Over.
Both stations listen for a short period on VHF channel 06. Both stations resume watchkeeping on VHF channel 16.	

(2) Broadcast Procedure

This section explain how a broadcast is to be conducted.

① How to Conduct a Broadcast

1) Initial Call

(a) Address and identify

(b) Indicate content of the broadcast (Weather Report, Navigational Information)

(c) Advise VHF channel on which the broadcast will be made
(switch to VHF channel one-four)

(d) Over

2) Broadcast Message

(a) Address and identify

(b) Indicate content of the broadcast

(c) Broadcast message

(d) Out

호출을 하는 무선국 (지휘국)	호출에 응답하는 무선국
	6) 래틀러, 여기는 로즈 마루. 응답 : 본선 ETA는 15시 40분 GMT임. 더 이상 통신 없음. 오버.
7) 로즈 마루. 여기는 래틀러. ETA 15시 40분 GMT임을 양지했음. 감사합니다. 아웃.	
두 무선국은 채널 06을 잠시 동안 청취한다. 두 무선국은 채널 16으로 청취를 다시 계속한다.	

(2) 방송절차

여기에서는 방송 실시 방법을 설명한다.

① 방송의 실시 방법

1) 최초 호출

(a) 수신인 및 식별표시

(b) 방송내용의 표시 (기상보고. 항행정보)

(c) 방송할 채널의 통고
(채널 …로 변경)

(d) 오버

2) 통보의 방송

(a) 수신인 및 식별표시

(b) 방송내용의 표시

(c) 통보의 방송

(d) 아웃 (out)

② Example of a broadcast

Station making the broadcast	Other Stations
All ships in Malacca Straits ; all ships in Malacca Straits. This is China Star. November Alfa Alfa Alfa; China Star. November Alfa Alfa Alfa. Weather report. Switch to VHF channel one-three. Over.	
China Star listens on the VHF Channel. No station requests a repeat of the working VHF channel. China Star and all interested stations switch to VHF channel 13. China Star listens on VHF channel 13 for a short period. (For the purpose of this example VHF channel 13 is assumed to be free.)	
All ships in Malacca Straits; All ships in Malacca Straits. This is China Star. November Alfa Alfa Alfa; China Star. November Alfa Alfa Alfa. Weather report for Malacca Straits. time : one-two-zero-zero GMT. INFORMATION : wind : South. force: eight, sea : rough. weather: rain showers, visibility : five miles. pressure : nine-seven-two falling. Out.	
China Star listens on VHF channel 13. No request for a repeat is received. China Star switches her VHF set back to the appropriate watchkeeping VHF channel.	

② 방송의 실례

방송을 하는 무선국	기타 무선국
말래카 해협에 있는 모든 선박; 말래카 해협에 있는 모든 선박, 여기는 차이나 스타 호, 노벰버 알파 알파 알파. 여기는 차이나 스타 호, 노벰버 알파 알파 알파. 기상보고. 채널 13으로 변경하시오. 오버.	
차이나 스타 호는 호출한 채널로 청취한다. 통신용 채널의 반복을 요구하는 무선국이 없다. 차이나 스타 호와 관련된 모든 무선국은 채널 13으로 변경한다. 차이나 스타 호는 채널 13을 잠시 동안 청취한다. (이 예문의 목적상 채널 13은 통화중이 아닌 것으로 가정한다.)	
말래카해협에 있는 모든 선박; 말래카해협에 있는 모든 선박. 여기는 차이나 스타 호, 노벰버 알파 알파 알파; 차이나 스타 호, 노벰버 알파 알파 알파. 1200시 GMT 현재 말래카 해협에 대한 기상보고. 정보 : 바람 : 남풍, 풍력 : 8. 해면 : 거침, 기상 : 소낙비, 시정 : 5마일, 기압 : 972밀리바 하강중. 아웃.	
차이나 스타 호는 채널 13을 청취한다. 반복의 요구가 청취되지 않는다. 차이나 스타 호는 해당되는 청수용 채널로 변경한다.	

2. VHF Messages

(1) Message Markers

A message which cannot be constructed using only standard phrases should always be initiated by a message marker to indicate its message type.

All messages belong to one of only seven types, or the responses thereto.

The seven types identified by their message markers are listed below.

Each marked message received must be acknowledged and a response given, if appropriate.

There are seven reply markers to match the seven message markers as follows :

message markers	reply markers
1) QUESTION	1) ANSWER
2) INSTRUCTION	2) INSTRUCTION – RECEIVED
3) ADVICE	3) ADVICE–RECEIVED
4) REQUEST	4) REQUEST - RECEIVED
5) INFORMATION	5) INFORMATION– RECEIVED
6) WARNING	6) WARNING–RECEIVED
7) INTENTION	7) INTENTION – RECEIVED

(2) Examples of message patterns

① QUESTION

The use is recommended of only the three following types of question :

1) Questions beginning with the words When, What, Where, Why, Which, Who, How, How many … (these are referred to as Wh– Questions)

[Examples]

QUESTION : What is your position?
QUESTION : How many tugs are required?

2) Questions which give alternatives (X or Y) :

[Examples]

QUESTION : Is the vessel loading or unloading?

3) Questions requiring a Yes or No answer :

2. VHF 통신문

(1) 통신문 표시

표준 어구만을 사용하여 구성하기 곤란한 통신문은 항상 통신문 형식을 나타내기 위한 통신문 표시(message marker)로 시작해야 한다.

모든 통신문은 7형식 중의 하나에 속한다. 응답에서도 마찬가지이다.

7형식은 다음에 기록된 통신문 표시로 식별된다.

표시된 각각의 통신문은 확인해야 하고 필요하면 응답을 해야 한다.

7가지 통신문 표시와 짝지어진 7가지 응답표시는 다음과 같다.

통신문 표시	응답표시
1) 질문	1) 응답
2) 지시	2) 지시 – 이해했음
3) 권고	3) 권고 – 이해했음
4) 요청	4) 요청 - 이해했음
5) 정보	5) 정보 – 이해했음
6) 경고	6) 경고 – 이해했음
7) 의도	7) 의도 – 이해했음

(2) 통신문 양식의 실례

① 질문

질문의 형식은 다음의 3가지 형식만을 사용하도록 권장한다.

1) 언제, 무엇을, 어디서, 왜, 무엇이, 누가, 어떻게, 얼마나 … (이것을 육하원칙이라고 한다)의 단어를 사용하여 시작되는 질문 :

예)

질문 : 귀선의 위치는 어디인가?
질문 : 몇 척의 예인선이 요구되는가?

2) 양자택일(X 또는 Y) 을 묻는 질문 :

예)

질문 : 선박은 적하중인가 양하 중인가?

3) 난납 (yes 노는 No)을 요구하는 질문 :

[Examples]

QUESTION : Do you intend to pass ahead of me?
QUESTION : Is the beacon operating normally?

It is recommended that the replies to ① Wh- Questions and ② X or Y questions take the same pattern :

1) Wh- reply

[Examples]

QUESTION : What is your ETA, position: buoy number : two-three ?

ANSWER : My ETA, position: buoy number : two-three is : time : one-six-zero-zero GMT.

OR

I do not know my ETA, position: buoy number : two-three.

2) X or Y reply

[Examples]

QUESTION : Is the vessel loading or unloading?

ANSWER : The vessel is loading.

OR

I do not know if the vessel is loading or unloading.

3) Yes or No replies

-The words "Positive" or "Negative" or "I do not know" immediately follow the reply marker :

[Examples]

QUESTION : Is buoy number: two-three in the correct position?

ANSWER : Positive, buoy number: two-three is in the correct position.

OR

ANSWER: Negative, buoy number: two-three is not in the correct position.

OR

ANSWER : I do not know if buoy number : two-three is in the correct position.

예)

질문 : 귀선은 본선의 전방으로 통과할 예정인가? 질문 : 무선표지는 정상으로 운용 중인가?

위 1)의 육하원칙에 의한 질문 (Wh- Question) 과 2)양자택일 (X or Y)에 의한 질문에 대한 응답은 다음과 같은 양식으로 할 것을 권장한다.

1) 육하원칙에 대한 응답

예)

질문 : 제23번 부표위치의 귀선 도착예정시간은 언제인가? 응답 : 제23번 부표위치의 본선 도착예정시간은 GMT로 1600시임. 또는 본선은 제 23번 부표위치의 도착예정시간을 모름.

2) 양자택일형의 응답

예)

질문 : 선박은 적하 중인가 양하 중인가? 응답 : 선박은 적하 중임. 또는 선박이 적하 중인지 양하 중인지 모름.

3) 단답형의 응답

- "긍정(Positive)" 또는 "부정(Negative)" 혹은 " 모름(I do not know) "이라는 단어를 응답표시 바로 다음에 보낸다.

예)

질문 : 제 23번 부표는 정확한 위치에 있는가? 응답 : 긍정, 제 23번 부표는 정확한 위치에 있음. 또는 응답 : 부정, 제 23번 부표는 정확한 위치에 있지 않음. 또는 응답 : 제 23번 부표가 정확한 위치에 있는지 모름.

② INSTRUCTION

Statements after the message marker INSTRUCTION should follow the pattern : turn anchor …, stop …, or : do not turn …, do not anchor …, do not stop …:

[Examples]

INSTRUCTION : Stop your engines. OR INSTRUCTION : Do not anchor in the fairway.

Replies to instructions will be as follows :

– The respondent indicates agreement to an instruction by the word Positive after quoting the command :

[Examples]

INSTRUCTION-RECEIVED : Do not anchor in the fairway, positive.

– The respondent indicates disagreement by the word Negative:

[Examples]

INSTRUCTION-RECEIVED : Stop my engines, negative.

– a reason should be given for this inability to carry out an instruction.

This will be marked by the word "Reason" :

[Examples]

INSTRUCTION-RECEIVED : Stop my engines, negative, reason : the tide is too strong.

③ ADVICE

The message pattern for this marker which signals suggestions is the same as for INSTRUCTION (except that the word "Please" is sometimes used).

[Examples]

ADVICE: Turn to starboard. ADVICE-RECEIVED : Turn to starboard, positive. OR ADVICE-RECEIVED : Turn to starboard, negative, reason: another vessel is approaching.

② 지시

“지시” 의 통신문 표시 다음의 설명은 …로 선회하라, …에 투묘하라, …을 정지하라, 또는 …로 선회하지 마라, …에 투묘하지 마라, …을 정지하지 마라 와 같은 양식으로 보낸다.

예)

지시 : 귀선의 기관을 정지하라. 또는 지시 : 항로 내에 투묘하지 마라.

지시에 대한 응답은 다음과 같이 한다.

- 응답자는 명령문을 인용한 다음에 “긍정(Positive)” 의 단어를 사용하여 지시에 대한 동의를 표시한다.

예)

“항로 내에 투묘하지 마라” 는 지시 – 이해했음. 긍정함

- 응답자는 “부정(Negative)” 의 단어를 사용하여 불찬성을 표시한다.

예)

“본선 기관을 정지하라” 는 지시 – 이해했음. 그러나 부정함.

- 지시를 수행하기가 불가능할 때는 그 이유를 붙인다.
  이 때는 “이유(Reason)” 의 단어를 사용하여 표시한다.

예)

“본선 기관을 정지하라” 는 지시–이해했음. 그러나 부정함, 그 이유는 조수가 너무 강하기 때문임.

③ 권고

권고를 제시하는 표시를 위한 통신문 양식은(때때로 “부디(Please) "의 단어를 사용하는 경우를 제외하고) “지시 (INSTRUCTION)"의 내용과 같은 것으로 한다.

예)

권고 : 우현 쪽으로 선회하라. “우현 쪽으로 선회라” 는 권고–이해했음. 긍정함 . 또는 “우현 쪽으로 선회하라” 는 권고–이해했음. 그러나 부정함. 그 이유는 다른 선박이 접근 중임.

④ REQUEST

Requests for items to be delivered should follow the pattern: "Please supply," "Please deliver …"

[Examples]

REQUEST : Please deliver: quantity: one thousand metric tonnes, fresh water to berth number : two-six.

The reply to a REQUEST will be as follows :

[Examples]

REQUEST – RECEIVED : Please deliver: quantity : one thousand metric tonnes fresh water to berth number : two-six, positive. OR REQUEST – RECEIVED : Deliver, quantity: one thousand metric tonnes fresh water to berth number : two-six, negative.

– In many cases the respondent will wish to give a reason.

[Examples]

REQUEST–RECEIVED: Deliver, quantity: one thousand metric tonnes fresh water to berth number : two-six, negative, reason : the barge is busy now.

– The REQUEST marker may also be used when seeking confirmation of information. In this case the marker will be followed by the words " Please confirm" :

[Examples]

REQUEST : Please confirm that your length is : two-six-zero meters.

⑤ INFORMATION

This type of message may take several forms:

④ 요청

배달할 품목에 대한 요청은 “공급해 주시오”, “배달해 주시오” 등과 같은 양식으로 한다.

예)

요청 : 수량 1천 메트릭 톤의 청수를 제 26번 정박지로 배달해 주시오.

“요청” 에 대한 응답은 다음과 같이 한다.

예)

“수량 1천 메트릭 톤의 청수를 제 26번 정박지로 배달해 달라” 는 요청-이해했음. 긍정함. 또는 “수량 1천 메트릭 톤의 청수를 제 26번 정박지로 배달해 달라” 는 요청 이해했음. 그러나 부정함.

- 대부분의 경우 응답자가 그 이유를 알리고 싶을 때는 다음과 같이 한다.

예)

"수량 1천 메트릭 톤의 청수를 제 26번 정박지로 배달해 달라” 요청-이해했음. 그러나 부정함. 그 이유는 부선이 현재 사용 중임.

- “요청” 의 표시는 정보의 확인을 요구하는 때에도 사용된다. 이 경우에는 “확인해 주시오(Please confirm)"의 단어를 통신문 표시 다음에 보낸다.

예)

요청 : 귀선의 전장이 260미터인지 확인해주시오.

⑤ 정보

이 통신문의 형식은 몇 가지 형태로 할 수 있다.

[Examples]

INFORMATION : No vessels are at the anchorage.
INFORMATION : My ETA at the West pier is time : one–six–three–zero GMT.
INFORMATION : The icebreaker intends to assemble the convoy at time: zero–five –three–zero GMT.
INFORMATION : The casualty is approximately, position : North distance : three miles from you.

The reply to INFORMATION is simply acknowledgement :

[Examples]

INFORMATION–RECEIVED : The icebreaker intends to assemble the convoy at time : zero–five–three–zero GMT.

⑥WARNING

This type of message my take several forms :

[Examples]

WARNING : A vessel is adrift, position: near the Foreland light.
WARNING : A strong South–Westerly wind is blowing now at the berth.
WARNING : Buoy number : three–five is off position.

The reply to WARNING is simply acknowledgement.

[Examples]

WARNING–RECEIVED: A vessel is adrift, position: near the Foreland light.

⑦ INTENTION

The message pattern for this marker is as follows:

[Examples]

INTENTION : I intend to anchor now, and I will proceed to the berth at time : zero–six–zero–zero GMT.
INTENTION : I intend to unload hold number : five.
INTENTION : I intend to reduce speed, new speed : seven knots.

예)

정보 : 묘박지에는 선박이 없음.
정보 : 본선의 서쪽 부두 ETA는 GMT로 16시 30분임.
정보 : 쇄빙선은 GMT로 5시 30분에 호송단을 집합시킬 의향임.

정보 : 사고는 귀선에서 대략 북쪽으로 3마일 거리의 위치임.

"정보" 에 대한 응답은 간단히 확인하는 것으로 한다.

예)

"쇄빙선이 GMT 5시 30분에 호송단을 집합시킬 의향" 이라는 정보-이해했음.

⑥ 경고

이 형식문의 형식은 몇 가지 형태로 할 수 있다.

예)

경고 : 한 척의 선박이 포어랜드 등대 가까운 위치에 표류중임.
경고 : 남서풍의 강풍이 현재 정박지에 불고 있음.
경고 : 제 35번 부표는 위치를 벗어나 있음.

"경보" 에 대한 응답은 간단히 확인하는 것으로 한다.

예)

"한 척의 선박이 포어랜드 등대 가까운 위치에 표류 중" 이라는 경고-이해했음.

⑦ 의도

이 통신문 표시의 양식은 다음과 같이 한다.

예)

의도 : 본선은 현재 투묘할 예정이고 GMT로 6시에 정박지로 항진하려 함.

의도 : 본선은 제 5번 선창을 양하할 예정임.
의도 : 본선은 감속할 예정임. 새로운 속력은 7노트임.

Replies to INTENTION are simply acknowledgements:

[Examples]

INTENTION–RECEIVED : You intend to reduce speed, new speed : seven knots.

3. Full conversations

This section contains three complete VHF conversations organised according to the principles of SEASPEAK. These examples show how the various features of SEASPEAK (VHF procedure, prefixing of quantities, message checking, message marking, standard phrases, message length, message patterns, transmission, length, and so on) control the conversation.

In all three examples the standard phrases are underlined, e. g. "This is …" The standard marker words are followed by a colon, e. g. "distance :," " time :," " period :," etc. Message markers are in capital letters and are also followed by a colon, e.g. WARNING : , QUESTION :, INSTRUCTION : , etc.

N. B. Conversations will not normally contain as many transmissions as are given here; these particular examples have been specially constructed to demonstrate how certain problems, such as loss of contact, interruption, and mistakes are dealt with in SEASPEAK.

Example 1. Inter–ship

Sea Light is at sea in the South Atlantic and is on passage from Buenos Aires to Busan. She sees Gulf Trader going in the opposite direction.

Knowing that there is congestion at Buenos Aires, Sea Light calls up Gulf Trader to inform her of the current situation and its cause.

As this is an intership exchange, the Initial Call is made on VHF channel 16.

Sea Light	Gulf Trader, Gulf Trader. <u>This is</u> Sea Light[1], Juliett–Sierra–Alfa–Alfa ; Sea Light, Juliett–Sierra–Alfa–Alfa. <u>On VHF channel one–six</u>[2]. <u>Over.</u>
Gulf Trader	Sea Light, Juliett–Sierra– Alfa–Alfa. <u>This is</u> Gulf Trader, Alfa–Six–Zulu– Zulu. <u>Over.</u>

"의도" 에 대한 응답은 간단히 확인하는 것으로 한다.

예)

"귀선이 감속할 예정이고 새로운 속력이 7노트" 라는 의도-이해했음.

3. 완전한 통화

여기에서는 "해상통화" 의 원칙에 따라 편집한 3가지의 완전한 VHF 통화를 내용으로 한다. 이들 예문은 "해상통화" 의 여러 가지 특징 (VHF 통신절차, 수량의 접두사, 통신문 체크, 통신문 표시, 표준어구, 통신문 길이, 통신문 양식, 송신 기간 등)을 어떻게 통화(회화)로 통제하는가를 보여준다.

3가지 예문에서 "여기는…" 와 같은 표준 어구에는 밑줄(underline)을 쳤다 "거리(distance), " "시간(time)," "기간(period)" 등과 같은 표준 표시 단어에는 콜론(:)을 붙였다. "경고," "질문," "지시" 등과 같은 통신문 표시는 대문자로 썼고 콜론(:)을 붙였다.

(주의) 통화는 보통으로 행해지는 것처럼 그렇게 많은 송신 내용은 아닐 것이다. 즉, 이들 특별한 실례는 연락 설정의 실패, 통신 중단(전파방해) 및 착오와 같은 특정한 문제를 "해상통화" 에서는 어떻게 취급했는가를 설명하도록 특별히 구성된 것이다.

실례 1. 선박 상호간

시 라이트는 남대서양 해상에 있고 부에노스아이레스에서 부산으로 가는 항로상에 있다. 그 배는 반대 방향에서 오는 걸프 트레이더를 만난다.

부에노스아이레스에는 혼잡하다는 것을 알고 있는 시 라이트는 현재의 상황과 그 원인을 알려주기 위하여 걸프 트레이더를 부른다.

이 통화는 선박 상호간의 교신이므로 최초 호출은 채널 16으로 한다.

시 라이트	걸프 트레이더, 걸프 트레이더. 여기는 시 라이트[1] 줄리엣 시에라 알파 알파 ; 시 라이트, 줄리엣 시에라 알파 알파. 채널 16[2]으로 나오시오. 오버.
걸프 트레이더	시 라이트, 줄리엣 시에라 알파 알파. 여기는 걸프 트레이더, 알파 식스 줄루 줄루. 오버.

Sea Light	Gulf Trader. This is Sea Light. Switch to VHF channel zero-six. Over.
Gulf Trader	Sea Light. This is Gulf Trader. Agree VHF channel two-six. Over.
Sea Light	Gulf Trader. This is Sea Light. Mistake. Switch to VHF channel zero-six. I say again. Switch to VHF channel zero-slx. Over.
Gulf Trader	Sea Light. This is Gulf Trader. Correction. Agree VHF channel zero-six. Over.
switch-over rules	Both stations listen for a short period on VHF channel 16. Both stations switch to VHF channel 06. Both stations listen for a short period on VHF channel 06. However, another conversation is heard in progress on VHF channel 06. The Controlling Station (Sea Light) switches back to the calling VHF channel (16). Gulf Trader hearing nothing from Sea Light switches back to the calling VHF channel (16). The Controlling Station then re-establishes contact on the calling VHF channel (16).
Sea Light	Gulf Trader. This is Sea Light. On VHF channel one-six. Over.
Gulf Trader	Sea Light. This is Gulf Trader. Over.
Sea Light	Gulf Trader. This is Sea Light. Switch to VHF channel zero-eight[3]. Over.
Gulf Trader	Sea Light. This is Gulf Trader. Agree VHF channel zero-eight. Over.
switch-over rules	Both stations listen for a short period on VHF channel 16. Both stations switch to VHF channel 08. Both stations listen for a short period on VHF channel 08. VHF channel 08 is not in prior use, therefore they proceed with the exchange.

시 라이트	걸프 트레이더. 여기는 시 라이트. 채널 06으로 변경하시오. 오버.
걸프 트레이더	시 라이트. 여기는 걸프 트레이더. 채널 26을 동의함. 오버.
시 라이트	걸프 트레이더. 여기는 시 라이트. 착오임. 채널 06으로 변경하시오. 반복함. 채널 06으로 변경하시오. 오버.
걸프 트레이더	시 라이트, 여기는 걸프 트레이더. 정정함. 채널 06으로 동의함. 오버.
채널 변경 규칙	두 무선국은 채널 16을 잠시 동안 청취한다. 두 무선국은 채널 06으로 변경(전환)한다. 두 무선국은 채널 06을 잠시 동안 청취한다. 그런데, 다른 통화가 채널 06에서 진행 중인 것이 청취된다. 지휘국(시 라이트)은 호출용 채널(16)로 다시 전환한다. 시 라이트로부터 아무런 소리를 못들은 걸프 트레이더는 호출용 채널(16)로 다시 전환한다. 그 때 지휘국은 호출용 채널(16)로 연락을 재설정한다.
시 라이트	걸프 트레이더 여기는 시 라이트. 채널 16으로 나오시오. 오버.
걸프 트레이더	시 라이트 여기는 걸프 트레이더. 오버.
시 라이트	걸프 트레이더 여기는 시 라이트. 채널 08[3]로 변경하시오. 오버.
걸프 트레이더	시 라이트. 여기는 걸프 트레이더. 채널 08을 동의함. 오버.
채널 변경 규칙	두 무선국은 채널 16을 잠시 동안 청취한다. 두 무선국은 채널 08로 전환한다. 두 무선국은 채널 08을 잠시 동안 청취한다. 채널 08은 이미 사용 중이 아니므로 그들은 교신을 진행한다.

Sea Light	Gulf Trader. This is Sea Light. QUESTION : What is your destination? Stay on. Over.
Gulf Trader	Sea Light. This is Gulf Trader. ANSWER : My destination is Buenos Aires. Over.
Sea Light	Gulf Trader. This is Sea Light. Understood, Buenos Aires. INFORMATION : A vessel is aground, position : near Practicos Intersection Light Vessel. Stay on. Over.
Gulf Trader	Sea Light. This is Gulf Trader. Say again, all after position. Over.
Sea Light	Gulf Trader. This is Sea Light. I say again. Position: near Practicos Interseccion Light Vessel. Over.
Gulf Trader	Sea Light. This is Gulf Trader. INFORMATION – RECEIVED : A vessel is aground position: near Practicos Interseccion Light Vessel. Over.
Sea Light	Gulf Trader. This is Sea Light. INFORMATION : A delay is expected in the approaches, period: four–eight hours. Over.
Gulf Trader	Sea Light. This is Gulf Trader. INFORMATION – RECEIVED : A delay is expected in the approaches, period : four–eight hours. Thank you. Over.
Sea Light	Gulf Trader. This is Sea Light. Nothing more. Out[4].
termination rules	Both stations listen on VHF channel 08 for a short period in order to allow either to renew the exchange if necessary. Both stations switch back to VHF channel 16.

시 라이트	걸프 트레이더. 여기는 시 라이트. 질문 : 귀선의 목적지는 어디인가? 그대로 기다리시오. 오버.
걸프 트레이더	시 라이트. 여기는 걸프 트레이더. 응답 : 본선의 목적지는 부에노스아이레스임. 오버.
시 라이트	걸프 트레이더. 여기는 시 라이트. 부에노스아이레스임을 양지했음. 정보 : 한 척의 선박이 프렉티코스 인터섹션 등 대선 근처의 위치에 좌초 중임. 그대로 기다리시오. 오버.
걸프 트레이더	시 라이트. 여기는 걸프 트레이더. "위치" 를 다시 반복해 주시오. 오버.
시 라이트	걸프 트레이더. 여기는 시 라이트. 다시 반복함. 위치 : 프랙티코스 인터섹션 등대선 근처임. 오버.
걸프 트레이더	시 라이트. 여기는 걸프 트레이더. "한 척의 선박이 프랙티코스 인터섹션 등대선 근처 위치에 좌초중" 이라는 정보-이해했음. 오버.
시 라이트	걸프 트레이더. 여기는 시 라이트. 정보 : 접근하는데 48시간 동안의 지연이 예상됨. 오버.
걸프 트레이더	시 라이트. 여기는 걸프 트레이더. "접근하는데 48시간 동안의 지연이 예상된다는 정보-이해했음. 감사합니다. 오버.
시 라이트	걸프 트레이더 여기는 시 라이트. 더 이상 통신 없음. 아웃[4].
통신 종료 규칙	두 무선국은 필요하면 교신을 다시 새로이 하기 위해 잠시 동안 채널 08을 청취한다. 두 무선국은 채널 16으로 다시 전환한다.

Note 1 : Sea Light is the Controlling Station as he is making the Initial Call.
Note 2 : Sea Light states which VHF channel the call is made on in case Gulf Trader is keeping dual watch.
Note 3 : VHF channel 08 was picked as it is number two in priority of choice for use in inter-ship communication.
Note 4 : The Controlling Station terminates the call.

Example 2. Shore Radio Station

Western Sky, approaching Singapore via the East Johore Strait, calls up Singapore Port Operations to confirm her time of arrival (ETA) at the pilot station. Western Sky has looked up Singapore Port Operations' working VHF channel and therefore makes the Initial Call on that VHF channel (channel 12).
Star Vega is another ship approaching Singapore. She fails to listen on the working channel before making her Initial Call and therefore causes an interruption which is dealt with by Singapore Port Operations. It is important to note that Singapore Port Operations becomes the Controlling Station(CS), although it did not make the Initial Call, because it is a Shore Radio Station.

	Western Sky listens on VHF channel 12 before making the Initial Call on this channel to make sure that he is not interrupting.
Western Sky	Singapore Port Operations, Singapore Port Operations. This is Western Sky, Nine-Victor-Alfa-Tango ; Western Sky, Nine-Victor-Alfa-Tango. On VHF channel one two. Over.
Singapore Port Ops.	Western Sky, Western Sky . This is Port Ops. Singapore Port Operations. Over[1].
switch-over rules	These do not need to be applied.
Western Sky	Singapore Port Operations. This is Western Sky. INFORMATION, My ETA position : East Johore Pilot station is time: one-three-four-five UTC. Over.

(주 1) 시 라이트는 최초 호출을 하고 있으므로 지휘국이 된다.
(주 2) 시 라이트는 걸프 트레이더가 이중청수를 하는 경우에 대비하여 호출을 하고 있는 채널을 알린다.
(주 3) 채널 08은 선박상호간 통신용 선택 우선순위가 2번째이므로 채택되었다.

(주 4) 지휘국이 통화를 끝낸다.

실례 2. 해안무선국

동쪽 조호르 수도를 경유하여 싱가포르로 접근중인 웨스턴 스카이 호는 도선사 도착시간(ETA)을 확인하기 위하여 싱가포르 항만운용국을 호출한다. 웨스턴 스카이 호는 싱가포르 항만운용국의 통신용 채널을 자료를 통해 찾아냈기 때문에 그 채널(12)로 최초 호출을 한다.

스타 베가 호는 싱가포르에 접근중인 또 하나의 선박이다. 그 배는 최초 호출을 하기 전에 통신용 채널로 청취하는 것을 실패했기 때문에 싱가포르 항만운용국(SPO)이 보내는 통신에 통신 중단(전파방해)을 일으킨다. 싱가포르 항만운용국(SPO)은 해안무선국이므로 지휘국(CS)이 되고 또한 최초 호출을 하지 않는다는 데에 주의하는 것이 중요하다.

	웨스턴 스카이 호는 통신 중단(전파방해)을 일으키지 않도록 확보하기 위하여 이 채널로 최초 호출하기 전에 채널 12를 청취한다.
웨스턴 스카이	싱가포르 항만운용국. 싱가포르 항만운용국. 여기는 웨스턴 스카이, 나인 빅터 알파 탱고 ; 웨스턴 스카이, 나인 빅터 알파 탱고. 채널 12로 나오시오. 오버.
싱가포르 항만 운용국	웨스턴 스카이, 웨스턴 스카이. 여기는 싱가포르 항만운용국. 오버[1]. —
채널 변경 규칙	이는 적용할 필요가 없다. (역주 : 통신용 채널로 호출하고 있기 때문)
웨스턴 스카이	싱가포르 항만운용국. 여기는 웨스턴 스카이. 정보 : 본선의 동쪽 조호르 파일러트 본부 위치의 ETA는 UTC로 13시 45분임. 오버.

Singapore Port Ops.	Western Sky. This is Singapore Port Operations. Mistake. Time is: one–four–three–zero UTC now. Stay on. Over.
Western Sky	Singapore Port Operations. This is Western Sky. Correction. My ETA is : one–five–four–five UTC. Over.
Singapore Port Ops.	Western Sky. This is Singapore Port Operations. INFORMATION – RECEIVED : Your ETA position : East Johore pilot station is time : one–five–four–five UTC. INSTRUCTION : Anchor in the General Purpose Anchorage, reason : your berth is occupied.
Star Vega	Singapore Port Operations[2], Singapore Port Operations. This is Star Vega, Golf–Alfa–Alfa–Alfa ; Star Vega, Golf–Alfa–Alfa–Alfa. On VHF channel one–two. Over.
Singapore Port Ops.	Interruption[3]. Star Vega. This is Singapore Port Operations. Stop transmitting. Out.
Singapore Port Ops.	Western Sky. This is Singapore Port Operations. Please acknowledge, anchorage instruction. Over.
Western Sky	Singapore Port Operations. This is Western Sky. INSTRUCTION–RECEIVED : Anchor in the General Purpose Anchorage. Nothing more. Over.
Singapore Port Ops.	Western Sky. This is Singapore Port Operations. Out.
termination rules	Both stations listen on VHF channel 12 for a short period. Both stations resume watch on the appropriate watch–keeping channel

싱가포르 항만 운용국	웨스턴 스카이. 여기는 싱가포르 항만운용국. 착오발생. 현재의 UTC는 14시 30분임. 그대로 기다리시오. 오버.
웨스턴 스카이	싱가포르 항만운용국, 여기는 웨스턴 스카이. 정정함. 본선 ETA는 UTC로 1545분임. 오버.
싱가포르 항만운용국	웨스턴 스카이. 여기는 싱가포르 항만운용국. "귀선의 동쪽 조호르 파일럿 본부 ETA는 UTC로 15시 45분" 이라는 정보–이해했음. 지시 : 일반용 묘박지에 투묘하시오. 이유는 귀선의 정박지가 선점되었음.
스타 베가	싱가포르 항만운용국[2], 싱가포르 항만운용국. 여기는 스타 베가, 골프 알파 알파 알파 ; 스타 베가, 골프 알파 알파 알파. 채널 12로 나오시오. 오버.
싱가포르 항만운용국	전파 방해(통신 중단)[3], 스타 베가. 여기는 싱가포르 항만운용국. 송신을 중지하시오. 아웃.
싱가포르 항만운용국	웨스턴 스카이. 여기는 싱가포르 항만운용국. 묘박지 지시를 확인해 주시오. 오버.
웨스턴 스카이	싱가포르 항만운용국. 여기는 웨스턴 스카이. "일반용 묘박지에 투묘하라" 는 지시–이해했음. 더 이상 통신 없음. 오버.
싱가포르 항만운용국	웨스턴 스카이. 여기는 싱가포르 항만운용국. 아웃.
통신 종료 규칙	두 무선국은 잠시 동안 채널 12를 청취한다. 두 무선국은 해당되는 청수용 채널로 청수를 재개한다.

Note 1: Singapore Port Operations is a shore radio station and therefore becomes the Controlling Station.

Note 2: Interruption by a non-involved station.

Note 3: Controlling Station deals with interruption.

Example 3. Broadcast

Kotka Radio in Finland is making a regular broadcast about the ice conditions in the Gulf of Riga. The broadcast message content is repeated to allow recipients time to write it down.

Kotka Radio	All ships in Gulf of Riga ; all ships in Gulf Radio of Riga. This is Kotka Radio, Kotka Radio. Ice information. Switch to VHF channel two-five. Over.
switch over rules	Kotka Radio listens on VHF 16 for a short period in case any station requires a repeat of the working VHF channel number. Kotka Radio switches to VHF channel 25.
Kotka Radio	All ships in Gulf of Riga, all ships in Gulf of Riga. This is Kotka Radio, Kotka Radio. Ice information, area: Gulf of Riga. INFORMATION : The ice type is: winter fast ice, ice change: no change, ice navigation : ice-breaker assistance is necessary. I say again. INFORMATION : The ice type is : winter fast ice, ice change: no change, ice navigation : ice-breaker assistance is necessary. Out.
termination rules	Kotka Radio listens on VHF channel 25 for a short period to allow stations to respond to the broadcast should they wish to do so. Kotka radio resumes normal VHF watchkeeping.

(주 1) 싱가포르 항만운용국(SPO)은 해안우선국이므로 지휘국이 된다.

(주 2) 관련되지 아니한 무선국에 의한 전파방해.
(주 3) 지휘국(CS)이 통신중단 조치를 한다.

실례 3. 방송

핀란드의 코트카 무선국은 리가 만의 얼음 상황에 관한 정규방송을 실시하고 있다. 방송통신문의 내용은 수령인이 받아 쓸 수 있는 시간을 갖도록 반복된다.

코트카 무선국	리가 만에 있는 모든 선박 ; 리가 만에 있는 모든 선박. 여기는 코트카 무선국, 코트카 무선국. 결빙 정보. 채널 25로 변경하시오. 오버.
채널 변경 규칙	코트카 무선국은 어떤 무선국이 통신용 채널 번호의 반복을 요구할 경우에 대비하여 잠시 동안 채널 16을 청취한다. 코트카 무선국은 채널 25로 전환한다.
코트카 무선국	리가 만에 있는 모든 선박, 리가 만에 있는 모든 선박. 여기는 코트카 무선국, 코트카 무선국. 리가 만 해역의 결빙 정보. 정보 : 결빙형태 : 겨울 정착빙, 결빙 변화 : 변화 없음, 빙해항해 : 쇄빙선의 지원이 요구됨. 반복합니다. 정보 : 결빙형태 : 겨울정착빙, 결빙변화 : 변화 없음, 빙해항해 : 쇄빙선의 지원이 요구됨. 아웃.
통신 종료 규칙	코트카 무선국은 모든 무선국이 원할 때 방송하기 위한 응답에 대비하여 잠시 동안 채널 25를 청취한다. 코트카 무선국은 정상적인 VHF 청취를 재개한다.

Chapter 3 Radio Telephone Call

제 3 장 해상 무선 전화 통신

1. Procedure Phrases

1. 무선 전화의 절차 용어

해상 또는 항공 이동 업무의 전화 통화에 있어서는 일반 영어 회화에서는 사용하지 않는 특수한 전화 용어가 많이 사용된다. 이 용어의 의미와 활용 방법에 대한 지식이 없이는 아무리 영어에 능통한 자라도 무선 전화 통화를 원활히 할 수가 없다. 따라서, 무선 전화 회선상에서 규정상 또는 관습상 상용되고 있는 다음의 절차 용어의 사용 경우와 의미를 완전히 이해하고 숙달되도록 노력하여야 한다. 또한 무선 전신용으로 할당되어 있는 Q부호, 각종 약어 및 부호를 필요에 따라 무선 전화용으로 그대로 인용할 수 있어야 한다.

절차 용어	의미 또는 사용 예
ACKNOWLEDGE	통보의 수신확인증을 보내 주시오 (수신 양해의 확인)
AFFIRMATIVE	예 (Yes), 긍정 또는 승인한다.
ALL AFTER…	…부터 뒤 전부
ALL BEFORE…	…부터 앞 전부
ALL STATIONS	모든 국
BREAK	통신문들의 구간을 나타내기 위하여 사용.
CHANNEL(RANGE)	통신로(주파수를 알리는 대신 통신로 번호를 말함)
CHECK BACK	통화 도중 의심스러운 단어를 부침
CORRECTION	잘못 송신했음, …와 같이 정정하라.
DISREGARD THIS TRANSMISSION	지금 송신한 것을 취소한다.
GO AHEAD	보내 주시오. 계속하시오.
HELLO ALL STATIONS	각국 앞(각국 앞 호출을 할 때 사용)
HOW DO YOU READ?	감도는 어떠합니까?
I SPELL	통화표로 풀어써서 보내겠음.
IN FIGURES	다음은 아라비아 숫자이다.
IN LETTERS	다음은 문자로 된 숫자이다.
INTERCO	다음은 국제 통신서의 약어가 계속된다.
INTERROGATORY	다음 것을 문의한다.
LOUD AND CLEAR (LIMA AND CHARLIE)	신호는 크고 명확하다. (수신 상태 양호).
MAYDAY	조난 신호(불어의 m'aider와 같이 발음)
MESSAGE FOLLOWS	다음부터 전보이다. 다음부터 기록하시오.
MESSAGE FOR YOU	너에게 보낼 통신이 있다.
MISTAKE	잘못 수신했음. …와 같이 정정하라.

절차 용어	의미 또는 사용 예
MORE TO FOLLOW	너에게 보낼 것이 더 있다.
NEGATIVE	부정, 너의 말이 틀렸다. 허가되지 않았다.
OFFWORK	직무의 끝남을 나타냄.
OUT	통화는 끝내고 너의 응답은 필요 없다.
OVER	나의 송화는 끝나고 너의 응답을 기다린다.
PAN PAN	3회 반복으로 긴급신호를 구성 (불어 Panne과 같이 발음)
PRUDONCE	조난 통신은 계속 중이나 제한부 업무 재개 가함.
READ BACK	이 전보를 수신한 그대로 복창하시오.
I READ BACK	내가 수신한 전보는 다음과 같다.
ROGER(또는 ROMEO)	당신의 최종 송신을 완전히 수신하고 이해했음.
SAY AGAIN	반복하여 주시오. 다시 말하시오.
I SAY AGAIN	반복하겠다. 다시 한 번 말하겠다.
SECURITE	3회 반복으로 안전 신호를 구성.
SEELONCE DISTERSS	조난 통신 중이니 정지하시오(조난국 부근에 있는 국에서 통신 정지 요구 시 사용).
SEELONCE FEENEE	조난 통신이 종료되었음. 통상 업무 재개 가함.
SEELONCE MAYDAY	조난 통신 중이니 정지하시오(조난국 또는 조난통신 관장국에서 통신 정지 요구 시 사용).
SEND YOUR MESSAGE	수신 준비가 되었으니 송신하시오.
SIGNAL CHECK	감도 시험 약어(RADIO CHECK)
SPEAK SLOWER	천천히 송화하시오.
STAND BY	잠시 기다리시오. 대기하시오.
STAY ON	기다리겠다.
THAT IS CORRECT	옳다. 정확하다(THAT IS RIGHT)
THIS IS	여기는(자국 명칭 앞에)
UNKNOWN STATION	상대국을 모르겠으니 호출 명칭을 다시 보내시오.
VERIFY	수신 전문이 이상하니 다시 확실한 것을 보내시오.
I VERIFY	요구받은 조회 전보의 정확한 것은 다음과 같다.
WAIT	잠시 기다려라.
WAIT OUT	대기하시오 (통신 중단시간이 길어질 때 사용)
WILCO	당신의 송신을 이해하였고 그대로 이행하겠다.
WORD AFTER	…다음의 어.
WORD BEFORE	…앞의 어.
WORD TWICE	…통신이 곤란하다. 각어를 2회씩 보내시오(보내겠다.)
WRONG …	당신이 복창한 것은 틀리고 정확한 것은 …이다.

2. Call, Reply and Contact

2. 1 Call and Reply

☆ Napoli Radio, Napoli Radio. This is Nam Hae Ho, Nam Hae Ho.

★ Nam Hae Ho, Nam Hae Ho. This is Napoli Radio, Go ahead, please.

2. 2 Contact

☆ Newport Radio, Newport Radio. This is Jin Deok Ho, Jin Deok Ho Calling.

★ Jin Deok Ho, this is Newport Radio, Change to channel fourteen.

·········· (change channel) ··········

☆ Newport Radio, this is Jin Deok Ho. I have a message for you. How do you read me?

★ Jin Deok Ho, this is Newport Radio. I read you well. Send your message, please.

2. 3 Relay Calls

☆ Singapore Radio, Singapore Radio, this is World Trader, World Trader calling.

·········· (No answer) ··········

☆ Singapore Radio, this is M/V Nam Hae Ho. You are being called by World Trader on this channel, over.

★ Thank you, M/V Nam Hae Ho.

★ World Trader, World Trader. This is Singapore Radio, sixteen.

☆ Singapore Radio, this is World Trader, World Trader. I have a message for you. How do you read?

★ World Trader, this is Singapore Radio. Your signal is weak and unreadable. Could you send your message by relay of another vessel?

☆ Roger, wait on this channel, please.

☆ Nam Hae Ho, this is World Trader. Would you please relay a message to Singapore Radio?

★ World Trader, this is Nam Hae Ho, Roger. I will change to channel six.

☆ Roger, six.

2. 호출 응답과 연락 설정

2. 1 호출과 응답

☆ 나폴리 무선국, 나폴리 무선국. 여기는 남해호, 남해호.

★ 남해호, 남해호. 여기는 나폴리 무선국, 말씀하시오.

2. 2 연락 설정

☆ 뉴포트 무선국, 뉴포트 무선국. 여기는 진덕호, 진덕호. 호출중입니다.

★ 진덕호, 여기는 뉴포트 무선국. 채널 14로 변경하시오.

·········· (채널 변경) ··········

☆ 뉴포트 무선국, 여기는 진덕호. 귀국 앞 전보 있음. 감도는 어떤가?

★ 진덕호, 여기는 뉴포트 무선국. 감도 양호합니다. 전보 보내시오.

2. 3 중계 통화

☆ 싱가포르 무선국, 싱가포르 무선국. 여기는 월드 트레이더, 월드 트레이더. 호출중입니다.

·········· (응답 없음) ··········

☆ 싱가포르 무선국, 여기는 모터선 남해호. 월드 트레이더가 이 채널에서 귀국을 호출 하고 있습니다. 말씀하시오.

★ 모터선 남해호. 감사합니다.

★ 월드 트레이더, 월드 트레이더 여기는 싱가포르 라디오. 16 채널로.

☆ 싱가포르 무선국, 여기는 월드 트레이더, 월드 트레이더. 귀국 앞으로 전보가 있음. 감도 여하?

★ 월드 트레이더, 여기는 싱가포르 무선국. 귀국 신호는 약하고 들리지 않음. 다른 선박의 중계로 보내 주십시오.

☆ 알았음. 이 채널로 기다려 주십시오.

☆ 남해호, 여기는 월드 트레이더. 싱가포르 무선국. 앞으로 통보를 중계하여 주지 않겠습니까?

★ 월드 트레이더, 여기는 남해호. 알았습니다. 채널 6으로 변경하겠습니다.

☆ 알았습니다. 채널 6으로.

....

☆ Singapore Radio, this is Nam Hae Ho. Following message from World Trader to port captain of Singapore. ETA Singapore is zero seven three zero tomorrow, over.

★ Roger, received the message from World Trader. Thank you. Nam Hae Ho, this is Singapore Radio, out.

☆ This is Name Hae Ho, out.

....

☆ World Trader, this is M/V Nam Hae Ho. Your message to Singapore Radio was received at two three one zero GMT, over.

★ Roger, M/V Nam Hae Ho. Thank you for your kind assistance. This is World Trader, out.

☆ M/V Nam Hae Ho, out.

3. Telephone Transmission of Telegram

☆ This is M/V Seon Deok Ho, Hotel Lima Uniform Romeo, message as follows; Break. Radiotelegram begins. From, M/V Seon Deok Ho. Number, one. Number of Words, one two. Date, one zero. Time, one three five zero UTC. QRC Code/Kilo Romeo Nadazero Unaone

break

Address, O-I-L-C-O Oilco Kuwait-Radio

break

Text, ETA in figures zero eight three zero. Arrange pilot. Draft in figures five decimal five zero meters on arrival.

break

Signature, Master, over

★ M/V Seon Deok Ho, this is Kuwait Radio. Please say again all words before arrange in text.

☆ Kuwait Radio, this is M/V Seon Deok Ho. Roger, I say again, Echo Tango Alfa in figures zero eight three zero, over.

★ Roger, confirm draft five decimal five zero meters, Is that correct?

☆ That is correct, over.

★ M/V Seon Deok Ho, this is Kuwait Radio. Received your message number one, over.

····중계 통신을 수신하여····

☆ 싱가포르 무선국, 여기는 남해호. 이하는 월드 트레이더에서 싱가포르 항장 앞 전보입니다. 싱가포르 도착 예정 시각은 내일 0730 입니다. 말씀하시오.

★ 알았습니다. 월드 트레이더에서의 전보 수신하였습니다. 감사합니다. 남해호, 여기는 싱가포르 무선국. 끝.

☆ 남해호, 끝

·········· 수신 중의 통지 ··········

☆ 월드 트레이더, 여기는 모터선 남해호. 싱가포르 앞 귀국의 전보는 2310 GMT에 수신되었습니다. 오버.

★ 알았습니다. 모터선 남해호. 협력에 감사합니다. 여기는 월드 트레이더, 끝.

☆ 모터선 남해호, 끝.

3. 무선 전보의 전화 전송

☆ 여기는 모터선 선덕호 HLUR, 전보 보냅니다. 발신국 모터선 선덕호. 번호 1. 자수 12. 접수 일자 10일 접수 시간 1350 요금 정산 기관 KR 01.

앞 OILCO KUW AIT -RADIO.

본문 ETA 0830. ARRANGE PILOT, DRAFT 5.50 METERS ON ARRIVAL.

서명 MASTER. 말씀하시오.

★ 모터선 선덕호, 여기는 쿠웨이트 무선국. 본문 중에서 ARRANGE 앞의 전문을 전부 반복하여 주시오.

☆ 쿠웨이트 무선국. 여기는 M/V 선덕호. 알았습니다. 반복하겠습니다. 본문 ETA 0830. 오버.

★ 알았습니다. 확인합니다. DRAFT 5.50 METERS 는 틀리지 않았습니까?

☆ 맞습니다. 오버.

★ 모터선 선덕호. 여기는 쿠웨이트 무선국, 귀국 발신 번호 1번 수신하였습니다. 오버.

4. Port Communications

4. 1 Entrance Message

(1) Practice of Entrance Message (I)

☆ This is M/V Tae Yang Ho. We are expected to arrive out of Mockpo at one two three zero hours today. What is the pilot arrangements for us? Over.

★ Mokpo Port Radio. Roger, you are to dock to South Pier "A" at one five zero zero hours after President Cleveland clear the pier.

☆ Roger, but our starboard anchor has trouble, therefore, we request you have our ship tied up starboard side. Is it possible? Over.

★ Roger, we do not have any objection, but you must consult with the pilot in charge about your berthing, over.

☆ Roger, we will do. Thank you, out.

★ Thank you and out.

(2) Practice of Entrance Message (II)

☆ This is S/S Buk Hae Ho. I am expected to arrive quarantine area in twenty minutes. What is my berth?

★ Roger, you are allocated to Busan Pier number six. You can dock at the pier upon arrival. There is no need of cast anchor in the vicinity. Pilot will board you as soon as he meets you. Stand by for berthing right away. You are expected to alongside your starboard side to the pier. Please confirm berthing instruction.

☆ Roger, confirm your berthing instruction.

4. 2 Transit of Seaway

☆ VDX twenty Beauharnois, VDX twenty Beauharnois, this is Liberian motor vessel Continental Pioneer, Continental Pioneer calling.

★ M/V Continental Pioneer this is Beauharnois. Coming, please.

☆ This is M/V Continental Pioneer. Up-bound. We are now passing Windmill Point, passing Windmill Point, over.

★ Roger, sir. Will you proceed up slowly Cap.? Because I have a down-bound vessel, she will be in the Upper Lock in about ten minutes.

☆ Roger, we'll proceed slowly. Thank you.

★ Please make the wall and let the down-bound vessel leave the Lower Lock. It'll take about forty to forty-five minutes.

4. 항무통신

4. 1 입항 통보

(1) 입항 통신 예 (I)

☆ 여기는 모터선 태양호. 오늘 12시 30분 목포 외항에 도착 예정. 도선사 수배는 어찌 되어 있습니까? 오버.

★ 여기는 목포 포트 무선국. 귀선은 프레지던트 클리블랜드 호가 이안한 후 1500시 South Pier 'A'에 접안하게 되어 있습니다.

☆ 알았습니다. 본선 우현 측 닻이 고장이므로 우현에 붙이게 하여 주시면 좋겠는데 어떻습니까? 오버.

★ 알았습니다. 지장이 없습니다. 그러나 귀선의 접안을 담당한 도선사와 상의하여 주시오. 오버.

☆ 알았습니다. 그렇게 하지요. 감사합니다. 끝.

★ 감사합니다. 통신 끝.

(2) 입항 통보 예 (II)

☆ 여기는 기선 북해호. 본선은 20분 이내에 검역지역에 도착 예정입니다. 본선의 정박지(선석)는 어디입니까?

★ 알았습니다. 귀선은 부산 부두 6번이 할당되었습니다. 도착하면 곧 접안 가능합니다. 부근에 투묘할 필요는 없습니다. 도선사는 귀선을 만난 즉시 승선 예정입니다. 곧 접안 준비를 하여 주시오. 부두에는 우현으로 붙일 예정임. 이상 접안 지시를 확인하여 주시오.

☆ 알았습니다. 접안 지시를 확인합니다(뒤따라 지시 사항을 반복).

4. 2 수로 통항

☆ VDX 20 뷰하노이스, VDX 20 뷰하노이스, 여기는 리베리아 모터선 콘티낸틀 파이오니어, 콘티낸틀 파이오니어. 호출중입니다.

★ 모터선 콘티낸틀 파이오니어, 여기는 뷰하노이스. 오버.

☆ 여기는 모터선 콘티낸틀 파이오니어. 상류를 향해 항해 중. 지금 윈드밀 포인트 통과 중, 윈드밀 포인트 통과 중, 오버.

★ 알았습니다. 선장, 천천히 항진하여 주십시오! 약 10분 후에 하행선이 위의 수문에 들어가게 되어 있습니다.

☆ 알았습니다. 천천히 항진하겠습니다. 감사합니다.

★ 벽에 계선하여 하행선이 아래 수문을 빠져 나갈 때까지 기다려 주시오. 40분에서 45분 걸릴 예정입니다.

☆ Roger, we'll tie–up at the gate. Thank you, M/V Continental Pioneer, out.

4. 3 Arrangement of Pilot

☆ Cardinal Radio, Cardinal Radio, this is M/V Continental Pioneer, M/V Continental Pioneer calling.

. . . .

☆ VDQ Cardinal, VDQ Cardinal, this is M/V Continental Pioneer, M/V Continental Pioneer calling on twenty–six.

★ VDQ Cardinal twenty six. Say again your name, please.

☆ The name is M/V Continental Pioneer, Continental Pioneer, Please pass the message to Cape Vincent pilot, over.

★ M/V Continental Pioneer, Cardinal Roger. Go ahead your message.

☆ We expect to arrive Cape Vincent at two two zero zero, repeat two two zero zero and require Lake pilot, over.

★ M/V Continental Pioneer, this is Cardinal. Roger that ETA Cape Vincent two two zero zero. You require Lake pilot. Is that correct?

☆ That is correct, over.

★ Roger, thank you very much. M/V Continental Pioneer, this is Cardinal, clear.

☆ This is M/V Continental Pioneer, Clear and out.

5. Essential Messages of Calls

1) Your signal is distorted. Please adjust your transmitter.
2) Loud but being interfered. I can not read you. Wait one moment.
3) Can you get in contact with Sejonqho on channel twenty six?
4) I am busy now. Please call me again later.
5) I will call you again at about one two three zero hours on this channel.
6) Will you keep your station open until further notice?
7) We cannot give my ETA at Manila owing to heavy storm. Will notify as soon as confirmed.
8) We are now anchored off port. Please arrange pilot and tug boat for us.
9) What time will the pilot get on board?
10) We need no pilot but arrange two tugs to assist berthing.
11) We will dock in twenty minutes. Please arrange line handlers at the pier.
12) Please tell me what your manifest is.

☆ 알았습니다. 수문에서 계류하겠습니다. 감사합니다. 모터선 콘티넨틀 파이오니어, 끝.

4.3 도선사 수배

☆ 카디널 무선국, 카디널 무선국. 여기는 모터선 콘티낸틀 파이오니어. 콘티낸틀 파이오니어 호출 중입니다.

. . . .

☆ VDQ 카디널, VDQ 카디널, 여기는 모터선 콘티낸틀 파이오니어. 모터선 콘티낸틀 파이오니어 채널 26으로 호출 중입니다.

★ VDQ 카디널. 26 채널, 귀선명을 다시 한 번 알려주시오.

☆ 선명은 모터선 콘티낸틀 파이오니어, 콘티낸틀 파이오니어 케이프 빈센트 도선사 앞 통보를 중계하여 주시오. 오버.

★ 모터선 콘티낸틀 파이오니어. 카디널, 알았습니다. 통보를 보내 주시오.

☆ 본선은 케이프 빈센트 도착 2200, 2200 레이크 도선사(5대호 도선사)를 수배 수탁합니다. 끝

★ 모터선 콘티낸틀 파이오니어, 여기는 카디널. 알았습니다. 케이프 빈센트 도착 예정 2200, 레이크 도선사를 요구하였지요? 그렇지요?

☆ 그렇습니다. 오버.

★ 알았습니다. 대단히 감사합니다. 모터선 콘티낸틀 파이오니어. 여기는 카디널. 끝.

☆ 여기는 모터선 콘티낸틀 파이오니어. 끝.

5. 주요 통화 문례

1) 귀국의 신호가 일정하지 않음. 송신기를 조정하시오.
2) 강도는 좋으나 혼신으로 잘 들리지 않음. 잠깐 기다려 주시오.
3) 귀선은 세종호와 채널 26으로 연락됩니까?
4) 통신 중임. 다음에 다시 한 번 호출하여 주시오.
5) 12시 30분 경 이 채널에서 다시 귀국을 호출하겠음.
6) 다시 통지할 때까지 통신을 열어둘 수 있습니까?
7) 심한 폭풍으로 인해 마닐라 도착 예정 시각을 알릴 수 없으나, 확정되는 대로 곧 통지하겠음.
8) 본선은 지금 항외에 투묘하였음. 도선사와 예인선을 준비하여 주시오.
9) 도선사는 몇 시에 승선하게 됩니까?
10) 도선사는 불필요함. 그러나 접안을 위해 예인선 2척을 준비하여 주시오.
11) 본선은 20분 내에 접안 하겠음. 부두에 줄잡이를 배치하여 주시오.
12) 귀선의 적하 목록을 통지하여 주시오.

13) General cargos one hundred fifteen long tons, two hundred measurement tons are loaded No. 2 hold and all vehicles twenty are loaded on the deck.
14) Our discharging work will be completed in two hours. Inform my ETD.
15) Please tell me if you have my loading schedule.
16) I will repeat your message, please confirm me.
17) Send each word or group twice.
18) We will hold your berth until we receive your latest ETA.

19) Our starboard anchor has trouble, therefore, we request you have our ship tied up starboard-side.
20) You are allocated to pier no. 16. You can dock at the pier upon arrival. you are expected to alongside your port-side to the pier.
21) Proceed with great caution at slow speed.
22) Proceed to quarantine anchorage and anchor as convenient.
23) Please stand by and keep continuous watch for our call.
24) Tell me the state of the sea in your vicinity.
25) We are now ready for the call. Go ahead.

13) 잡화 115 롱톤, 200 용적톤은 2번 선창에, 차량 20대는 전부 갑판에 적재하였음.

14) 본선 2시간 내에 양하 종료 예정임. 출항 예정 시간을 알려 주시오.
15) 본선의 적화 예정을 알고 있으면 알려 주시오.
16) 당신의 통보를 반복하겠으니 확인하여 주시오.
17) 각 단어 또는 각 그룹을 2회씩 보내 주시오.
18) 항만운영국은 귀선의 마지막 도착 예정 시간 통지가 있을 때까지 귀선의 선석을 비워 두겠음.
19) 본선 우현 측 닻이 고장이므로 우현에 붙이게(접안하게)하여 주도록 요청함. 좌현으로 부두에 계류할 예정임.
20) 귀선은 부두 16번이 할당되었음. 도착하는 대로 접안 가능함. 귀선은 좌현으로 부두에 계류할 예정임.
21) 미속으로 극히 주의하면서 항진하시오.
22) 김역 묘박지에 가서 적절히 투묘하시오.
23) 대기하면서 당국의 호출에 대하여 계속 청취하여 주시오.
24) 귀선 부근의 해상 상태를 알려 주시오.
25) 통화 준비가 되었으니 말씀하시오.

Chapter 4 International Radiotelephone Calls

1. Request and Cancel of Calls

1. 1 Request of Calls

☆ KMI Dixon California Radio, KMI Dixon California Radio, this DSLT Oriental Queen, DSLT Oriental Queen calling.

★ DSLT Oriental Queen, this is KMI Dixon. I read you well. May I help you?

☆ This is Oriental Queen. I have a call going to San Francisco. Are you ready?

★ All right sir. What is your position and route or region?

☆ Roger, my estimated position is three eight four zero North one six seven two five West. Bound for San Francisco from Korea.

★ Go ahead, please.

☆ I have a collect call going to San Fracisco two one one three four seven two, San Francisco two one one three four seven two Pacific Shipping Company from captain of Oriental Queen. over.

★ Roger, one moment, please.

★ Hello, you are connected, Please go ahead.

········(finished call, then)········

★ Are you through?

☆ Thank you, I have finished the call and how long was that?

★ That was five minutes call by collect call and how much is your Ship Charge?

☆ It is five point four zero gold francs for a three minutes call.

★ Roger, thank you and out. Dixon California Radio.

☆ Thank you and out, Oriental Queen.

1. 2 Cancel of Calls

★ DSLT Oriental Queen, this is Dixon California Radio. On your call to Yukon two six five five one, the number does not answer. Is there any other phone we can put your call through?

☆ No, we have not. Please cancel the call then.

★ All right, sir. The report charge is four gold Francs and who settles your charge?

제 4 장 국제 무선 전화 통화

1. 통화의 신청과 취소

1. 1 통화 신청

☆ KMI 딕슨 무선국. KMI 딕슨 무선국. 여기는 DSLT 오리엔탈 퀸. DSLT 오리엔탈 퀸이 호출 중입니다.

★ DSLT 오리엔탈 퀸, 여기는 KMI 딕슨 무선국. 감도 좋습니다. 용건은 무엇입니까?

☆ 여기는 오리엔탈 퀸. 샌프란시스코에 전화가 있습니다. 준비되었습니까?

★ 알았습니다. 귀선의 위치와 행선지 또는 소재역을 말씀하여 주십시오.

☆ 알았습니다. 본선의 추정 위치는 38-40N 167-25W. 한국에서 샌프란시스코 행입니다.

★ 알았습니다. 말씀하십시오.

☆ 샌프란시스코의 211-3472, 211-3472 퍼시픽 쉬핑사에게로 오리엔딜 퀸 신징으로부터 요금 대화자지불 통화를 부탁합니다. 말씀하시오.

★ 알았습니다. 잠깐만 기다려 주시오.

★ 여보세요, 연결되었습니다. 말씀하시오.

········ (대화자 간의 통화가 끝나고) ········

★ 끝났습니까?

☆ 감사합니다. 통화는 끝났습니다. 통화가 몇 분간이었습니까?

★ 5분간의 요금 대화자지불 통화입니다. 귀선의 선박료국은 얼마입니까?

☆ 통화 시간 3분 간에 5.40 금프랑입니다.

★ 알았습니다. 안녕히 계십시오. 딕슨 캘리포니아 무선국.

☆ 감사합니다. 안녕, 오리엔탈 퀸.

1. 2 통화 취소

★ DSLT 오리엔탈 퀸, 여기는 딕슨 캘리포니아 무선국. 귀선의 유콘 26551번의 통화는, 호출하여도 응답이 없습니다. 다른 번호가 있으면 연결하겠는데요?

☆ 아니, 다른 번호는 없습니다. 그러면 전화를 취소하여 주시오.

★ 알았습니다. 통화의 신청 요금은 4 금프랑입니다. 누가 요금을 지불합니까?

☆ Roger, it is Korea Telecommunication Authority. over

★ Roger, thank you, this is KMI Dixon, out.

☆ Thank you, Oriental Queen, out.

2. Calls in Great Lake

2. 1 I Ship to Agent

☆ Detroit Radio, Detroit Radio, this is Korean motor vessel Goon San Ho. Goon San Ho calling on twenty-six.

★ Yes, sir. May I help you?

☆ Yes. I want to place a collect call, Detroit A-V one six four eight zero. Mr. Brown. over.

★ Mr. Brien?

☆ Mistake, Mr. Brown.

★ Sorry. I didn't hear the exchange in front of the number. What was that? W-E?

☆ Mistake. the number is A-V. Alfa Victor one six four eight zero. over.

★ OK. Stay on

☆ Stand by

· · · · · · · · · ·

★ Detroit to Goon San Ho. Mr. Brown is on the line.

2. 2 Coast to Ship

★ Goon San Ho, this is WLC Rogers city. We've got a telephone call from Chicago for you. Do you read me all right?

☆ Yes. I read you very well. Go ahead.

★ Stay on

☆ Stand-by

· · · · · · · · · ·

★ Say, Goon San Ho from WLC Rogers city. We are now ready for the call. Go ahead please.

☆ This is Goon San Ho. Go ahead.

· · · · · · · · · · (Finished Call) · · · · · · · ·

☆ This is Goon San Ho clear and out.

★ Hello. Goon San Ho. What is your call letter Goon San Ho. What is your call letter?

☆ 알았습니다. 한국통신 입니다. 말씀하시오.
★ 알았습니다. 감사합니다. 여기는 KMI 딕슨 끝.
☆ 감사합니다. 오리엔탈 퀸. 안녕.

2. 5대호에서의 통화

2. 1 선박국에서 Agent로

☆ 디트로이트 무선국, 디트로이트 무선국. 여기는 한국 모터선 군산호. 군산호는 26(채널)에서 호출중입니다.
★ 예, 무슨 일입니까?
☆ 대화자지불 통화를 부탁합니다. 디트로이트 AV 16 480번, 마스터 브라운에 부탁합니다. 말씀하시오.
★ 미스터 브라이언입니까?
☆ 잘못 수신했음. 미스터 브라운입니다.
★ 실패했습니다. 번호 앞에 교환국 부호를 잘 알아듣지 못했습니다. W-E였습니까?
☆ 잘못, 수신했음. 번호는 AV · AV 16480입니다. 말씀하시오.
★ 알았습니다. 기다려 주십시오.
☆ 기다리겠습니다.
··········
★ 디트로이트로부터 군산호에, 미스터 브라운 나왔습니다.

2. 2 해안국으로부터 선박국에

★ 군산호. 여기는 WLC 로져스 시티 · 시카고로부터 귀선에 통화 신청이 있습니다. 저의 말이 잘 들립니까?
☆ 네, 감도 좋습니다. 계속하시오.
★ 좀 기다려 주십시오.
☆ 기다리겠습니다.
··········
★ 여보세요, 군산호. 여기는 WLC 로져스 시티. 통화 준비가 되었습니다. 말씀하세요.

☆ 여기는 군산호, 말씀하시오.
··········(대화자간의 통화가 끝나고) ··········
☆ 여기는 군산호. 통화는 끝났습니다.
★ 여보세요. 군산호, 군산호의 호출 부호, 귀선의 호출부호는 무엇입니까?

☆ The call letter Delta Sierra Bravo Charlie. over.

★ Uh, What's the second word? Sierra?

☆ Yes, that's right.

★ Delta Sierra Bravo Charlie?

☆ That's right.

★ OK. Thank you. That's all.

☆ Thank you. Rogers City. This is Goon San Ho, clear and 'out.

★ Good afternoon, WLC Rogers City.

2. 3 Goon San Ho to Agent in Three Rivers

☆ VBK Three Rivers, VBK Three Rivers, this is Goon San Ho. On twenty-six, go ahead.

★ Hello, Goon San Ho. Three Rivers, go ahead. You are calling me, go ahead.

☆ Get me Stanley Company. The telephone number is Frontenac five two nine one three, Frontenac five two nine one three by collect. over.

★ Roger, stay on here.

☆ Stand by here.

★ Goon San Ho, coming please.

☆ This is Goon San Ho. Go ahead.

········ (finished call) ········

☆ VBK Three Riven, this isGoon San Ho. on twenty-six.

★ Hello, Goon San Ho. Three Riven roger. That was three minutes call collect. VBK clear.

☆ Yes, thank you very much. That's collect call, Goon San Ho, out.

3. Conversation with Telephone Operator

3. 1 Speaking of Telephone Operator

1) One moment. Please. Just a minute, please.
2) You are connected. Please go ahead.
3) Mr. Kim is on the line.
4) Are you through? Have you finished?
5) Are you still talking?
6) I beg your pardon.
   Will you please say again it?

☆ 호출 부호는 DSBC 입니다. 말씀하시오.
★ 아, 두 번째 글자는 S입니까?
☆ 네, 맞습니다.
★ DSBC 입니까?
☆ 그렇습니다.
★ 알았습니다. 감사합니다. 이상입니다. 끝.
☆ 감사합니다. 로저스 시티. 여기는 군산호. 통신 끝.
★ 안녕히 계십시오. WLC 로져스 시티.

2. 3 군산호에서 드리 리버스의 Agent 로
☆ VBK 쓰리 리버스. VBK 쓰리 리버스. 여기는 군산호. 26 채널로 말씀하시오.

★ 여보세요. 군산호, 쓰리 리버스, 말씀하시오. 여기를 호출하셨지요. 말씀하시오.
☆ 스텐리 김퍼니에 통화 부닥합니다. 전화번호는 프론티낵 52913번, 프론디낵 52913번입니다. 요금은 대화자지불로 통화 부탁합니다. 말씀하시오.
★ 알았습니다. 이 채널에서 기다려 주십시오.
☆ 이 채널에서 기다리겠습니다.
★ 군산호 말씀하세요. (나오세요).
☆ 여기는 군산호, 말씀하세요.
········ (대화자간의 통화가 끝나고) ········
☆ VBK 쓰리 리버스. 여기는 군산호 26 (채널).
★ 여보세요, 군산호. 쓰리 리버스. 알았습니다. 3분간의 요금 대화자지불입니다. VBK, 끝.

☆ 알았습니다. 대단히 감사합니다. 대화자지불 통화입니다. 군산호, 끝.

3. 교환원과의 회화

3. 1 교환원의 말
1) 조금 기다려 주세요.
2) 연결되었습니다. 말씀하세요.
3) 김씨가 나왔습니다.
4) 끝났습니까?
5) 아직 말씀 중입니까?
6) 한 번 더 말씀해 주세요.

7) I'm sorry. I cannot hear you.
8) Would you speak a little louder?
 Will you speak up, please?
9) Will you speak more slowly?
10) The number is busy now.
11) The phone is out of order.
12) Do you have another number?
13) The number does not answer.
14) I'm sorry, It's a wrong number, sir.
15) Would you hold the line, please?
16) How do you' spell it?
17) May I have his first name?
18) May I have his full name?
19) May I take a message?
20) May I have him call you?
21) He is not available, but would you like to talk to anyone else?
22) Mr. Kim is on the line. Go ahead, please.
23) I'm sorry. Your party has hung up.

3. 2 Request of International Telephone

1) I want to make an overseas call.
2) Do you have an overseas telephone service to Paris?
3) How long will it take to make a call to New York?
4) What is the charge for a telephone call to Manila?
5) How much is it to make a call to the States.
6) It is 6,180won for the first three minutes on weekdays and 4,940won on Sunday.
7) May I speak to Mr. Park?
8) Would you connect me with Mr. Chung.
9) Thanks for calling. We will call you back later.

7) 들리지 않습니다.
8) 조금 더 큰소리로 말씀해 주시겠습니까?

9) 조금 더 천천히 말씀해 주시겠습니까?
10) 지금 통화중입니다.
11) 전화 고장입니다.
12) 다른 전화번호는 없습니까?
13) 그 전화에 응답이 없습니까?
14) 번호가 틀렸습니다.
15) 그대로 기다려 주시겠습니까?
16) 어떻게 씁니까?
17) 그 사람의 성은 무엇입니까?
18) 성명을 전부 말씀해 주시겠습니까?
19) 전할 말씀 있습니까? (통보를 받아도 될까요?)
20) 전화하도록 할까요?
21) 안 계십니다만, 아무나 다른 사람이면 안 됩니까?
22) 김씨가 나왔습니다. 말씀하세요.
23) 안 됐습니다만, 저쪽에서 끊어 버렸습니다.

3. 2 국제 전화 신청
1) 국제 전화를 신청하고 싶습니다.
2) 파리에 전화할 수 있겠습니까?
3) 뉴욕까지 통화는 얼마나 시간이 걸립니까?
4) 마닐라까지 통화하는 데에는 요금이 얼마입니까?
5) 미국까지 통화하는 데에는 요금이 얼마입니까?
6) 처음 3분간의 요금이 보통날은 6,180 원이고 일요일은 4,940원입니다.
7) 박씨와 통화할 수 있습니까?
8) 정씨에게 연결해 주시겠습니까?
9) 전화 감사합니다. 나중에 이쪽에서 전화 걸겠습니다.

Chapter 5 Important Traffic Calls at Sea

1. Distress Traffic

1. 1 Practice of Distress Traffic

구 분	영 문
본 선 조 난 호 출	MAYDAY MAYDAY MAYDAY. This is American vessel Willson, American vessel Willson, American vessel Willson.
본 선 조 난 통 보	MAYDAY KSLH American vessel Willson. My position is three four two five North. one three nine three four East. Fire broke out in engine room. On our way to Busan from Seattle. My engines are stopped and fire is gaining. Require immediate assistance, over.
해안국	KSLH Willson Willson Willson, This is Busan Radio. Busan Radio, Busan Radio. Received MAYDAY.
본 선	Busan Radio, this is Willson. Roger, go ahead.
해안국	Willson this is Busan Radio. What is the number of crew and passenger, your tonnage and cargo?
본 선	Roger, number of crew twenty one, passenger four and tonnage eight thousand fifty gross tons. Cargo wheat nine thousand four hundred tons, over.
해안국	Roger, now a patrol vessel is ordered to go to your rescue. It will start as soon as possible. Was any body killed or injured and have you a doctor on board?
본 선	Roger, we hav'nt doctor on board but all hands all right now, over.
해안국	Roger, please keep listening this channel, over.
본 선	Roger, we are fighting the fire but in danger of explosion. Waiting your rescue. over.

제 5 장 해상의 주요 통신 통화

1. 조난 통신

1. 1 조난 통신 실례

구 분	국 문
본 선 조 난 호 출	메이데이 메이데이 메이데이. 여기는 미국적 윌슨 호, 미국적 윌슨 호, 미국적 윌슨 호.
본 선 조 난 통 보	메이데이 K-S-L-H 미국선 윌슨 호. 본선 위치 34-25N, 139-34E. 시애틀에서 부산으로 항해 도중. 기관실에서 화재 발생. 기관 정지. 화재는 점점 강해지고 있음. 지급 구조를 바람. 오버.
해안국	KSLH 윌슨 윌슨 윌슨, 여기는 부산 무선국. 부산 무선국. 부산 무선국, 귀선의 조난 신호(메이데이) 수신하였습니다.
본 선	부산 무선국, 여기는 윌슨. 오버.
해안국	윌슨, 여기는 부산 무선국, 승무원, 선객, 톤수, 적화물을 알려주시오.
본 선	알았습니다. 승무원 21명, 선객 4명, 총톤수 8,050톤, 적하 및 9,400톤, 오버.
해안국	알았습니다. 지금 경비정을 귀선의 구조에 보내도록 수배하였음. 가능한 빨리 출발할 예정입니다. 그리고 사망자, 부상자는 없습니까? 의사는 승선하고 있습니까?
본 선	알았습니다. 의사는 없고 현재 전원 이상 없음. 오버.
해안국	알았습니다. 이 채널을 계속 청취하여 주시오. 오버.
본 선	알았습니다. 진화 작업에 노력하겠습니다만, 폭발의 위험이 있습니다. 구조를 기다리겠습니다. 오버.

1. 2 Distress Traffic in Port

구 분	영 문
본 선	MAYDAY MAYDAY MAYDAY, this is Showboat Showboat Showboat. At Chapman anchorage. Fire in number two lower hold. Request immediate assistance, over.
해안국	Showboat Showboat Showboat this is Gravesend Operations, Gravesend Operations, Gravesend Operations. MAYDAY call received. Fire service informed, out.
해안국 (안전 통보)	SECURITE SECURITE SECURITE, this is Gravesend Radio. Showboat is on fire at Champman anchorage. Risk of explosion. All ships keep clear, out.

2. Urgency Traffic

2. 1 Practice of Urgency Traffic

구 분	영 문
본 선	PANPAN PANPAN PANPAN. All stations, all stations, all stations, this is Korean cargo vessel Dong Hae Ho, Korean cargo vessel Dong Hae Ho. Korean cargo vessel Dong Hae Ho. Collided with a fishing boat at fûteen miles true North of Youngdo lighthouse and the boat sunk by collision. We rescued ten survivors but two persons are still missing. Searching for them. Require assistance, over.
해안국	Cargo Vessel Dong Hae Ho, Dong Hae Ho, Dong Hae Ho, this is Busan Radio, Busan Radio. Received panne call. a patrol vessel will be sent soon. Please inform the name, tonnage and port of registry of the sunken boat.
본 선	Roger, the name is number eight Kaebal–Ho, thirty nine tons and port of registry is Busan, over.

1. 2 항내에 있어서의 조난 통신

구 분	국 문
본 선	메이데이 메이데이 메이데이, 여기는 쇼보트 쇼보트 쇼보트, 채프먼 정박지에 있음. 하부 2번 선창에서 화재, 즉시 구조를 바람. 오버.
해안국	쇼보트 쇼보트 쇼보트, 여기는 그레이브샌드 운영국, 그레이브센드 운영국, 그레이브센드 운영국, 조난 호출 수신. 소방 기관에 통지함. 끝.
해안국 (안전 통보)	시큐리트 시큐리트 시큐리트, 여기는 그레이브센드 무선국. 채프먼 정박지에서 쇼보트호에 화재 발생, 폭발할 위험이 있으니 부근의 선박은 가까이 오지 마시오. 끝.

2. 긴급 통신

2. 1 긴급 통화 실례

구 분	국 문
본 선	팡팡 팡팡 팡팡. 각 선박 앞, 각 선박 앞, 각 선박 앞, 여기는 한국 화물선 동해호, 한국 화물선 동해호, 한국 화물선 동해호. 영도 등대 진북 15마일의 위치에서 어선과 충돌함. 어선은 침몰, 생존자 10명은 구조하였으나 2명은 행방불명 됨. 확인 중임. 도와주십시오. 오버.
해안국	화물선 동해호, 동해호, 동해호. 여기는 부산 무선국, 부산 무선국, 긴급 호출을 수신하였습니다. 곧 경비정을 보내겠습니다. 침몰선의 선명, 톤수, 선적항을 알리시오.
본 선	알았습니다. 선명 제 8 개발호, 39톤, 선적항 부산입니다. 오버.

2. 2 Urgency Traffic in Port

(1) Emergency Patient

구 분	영 문
본 선	PANPAN PANPAN PANPAN. All stations, All stations, All stations, this is Flintshire, we are securing to buoy number nine. Emergency call for you. hurry up please, over.
해안국	This is harbour master, What can I do for you?
본 선	Flintshire, a stevedore accidentally fell into number two lower hold from twin deck at zero-eight forty-five, while he engaged in opening hatch covers and was seriously injured on the head. Request surgeon immediately for first aid, over.
해안국	Roger, we'll take prompt action for the accident. Please stand by and keep continuous watch for our call, out.

(2) Request of Tug Boats and Pilot

구 분	영 문
본 선	PANPAN PANPAN PANPAN. All stations, All station, All stations, this is African Monorch, our engine has been inactive and we are being towed by three ocean tugs. We would like to release them on arrival at the break water. Would you mind arranging three tugs for replacing the ocean tugs prior to our berthing?
해안국	Roger, please stand by for further instruction.
본 선	Roger, in other words, we should be shifted as a deadship and to make matters worse, we have rudder trouble. Is the pilot able to maneuver our ship with commercial tugs in the harbour?
해안국	Roger, no tug available right now and pilot says that he won't be able to operate you under the circumstances. You have to wait until the wind dies down.
본 선	Roger, we'll wait until everything becomes favourable. Thank you and out.
해안국	Roger, thank you and out.

2. 2 항내에 있어서의 긴급 통신

(1) 긴급 환자

구 분	국 문
본 선	팡팡 팡팡 팡팡. 각 선박 앞, 각 선박 앞, 각 선박 앞. 여기는 플렌트시어, 9번 뷰이에 계류 중. 긴급 통화 요청. 지금 응답을 바랍니다. 오버.
해안국	여기는 항만운영국, 무슨 일입니까?
본 선	플린트시어. 0845 시에 선원 한 사랑이 선창 뚜껑을 열다가 상갑판에서 2번 하부 선창으로 추락하여 머리에 중상을 입었습니다. 응급 치료 차 급히 외과 의사의 수배를 부탁합니다. 오버.
해안국	알았습니다. 사고에 대하여 신속히 처리를 하겠습니다. 대기하여 당국의 호출에 계속 청취하여 주시오. 끝.

(2) 예인선 및 도선사 요청

구 분	국 문
본 선	팡팡 팡팡 팡팡. 각 선박 앞, 각 선박 앞, 각 선박 앞. 여기는 아프리카 모노크, 본선은 기관이 움직이지 않아서 3척의 예인선으로 예항되어 왔습니다. 방파제에 도착하면 이 예인선을 분리하려 합니다. 계류하기 전에 이 예인선과 교체하기 위하여 예인선 3척을 수배하려고 합니다만?
해안국	알았습니다. 다시 통지할 때까지 기다리시오.
본 선	알았습니다. 즉 본선은 항행 불능선으로 간주하고 전묘하지 않으면 안 되겠습니다. 더욱이 조타기는 고장이 나 있습니다. 도선사는 항내의 보통 예인선을 사용하여 도선할 수 있을까요?
해안국	알았습니다. 지금 곧 예인선의 준비는 안 되겠습니다. 또 도선사는 지금 주위의 사정으로서는 도선할 수 없다고 합니다. 바람이 잔잔해 때까지 기다리시오.
본 선	알겠습니다. 제반 사정이 나아 질 때까지 기다리겠습니다. 감사합니다. 끝.
해안국	알겠습니다. 감사합니다. 통신 끝.

(3) Leaking

구 분	영 문
본 선	I have sprung a leak and am listing to portside. Request several large tugs and pilot for assistance right away. I will beach my ship to avert sinking.

3. Safety Traffic

3. 1 Practice of Safety Traffic

구 분	영 문
해안국	SECURITE SECURITE SECURITE. All Stations, All Stations, All Stations, this is Busan Radio, Busan Radio. Navigation warning, change to channel twelve, Stand by. ········ (change channel) ········
해안국	All stations, all stations, all stations, this is Busan Radio, Navigation warning.
해안국	Busan fairway of Keihin–KO is obstructed by a sunken vessel. A red buoy is fastened to the obstruction. All ships navigate with great care. Busan Radio, out

4. Vocabulary of Distress, Urgency and Safety Traffic

1) What assistance do you need?
2) What arrangements are required?
3) I have damaged my rudder. I cannot steer.
4) I must abandon my vessel.
5) One of crew member lost overboard and missing.
6) Can you refloat by yourself?
7) Tell us the state of the sea in your vicinity.
8) Tell us fully about your situation.
9) What is the extent of damage to life, hull or cargo?
10) Arrangements being made to send patrol vessel.
11) Will consult the red–cross hospital and relay advice, request details of patient's condition.

(3) 침수

구 분	국 문
본 선	본선은 침수구역이 생겨 좌측으로 기울기 시작하였음. 구조차 몇 척의 대형 예인선과 도선사를 곧 부탁합니다. 침몰을 피하기 위하여 해안에 좌초시킬 셈입니다.

3. 안전 통신

3. 1 안전 통신 실례

구 분	국 문
해안국	시큐리트 시큐리트 시큐리트. 각 선박 앞, 각 선박 앞, 각 선박 앞. 여기는 부산 무선국. 부산 무선국. 항행 통보. 채널 12로 변경 하겠습니다. 기다리시오. ········ (채널 변경) ········
해안국	각 선박 앞, 각 선박 앞, 각 선박 앞. 여기는 부산 무선국. 항해 경보.
해안국	케이힌 항 부산 항로에 침몰선 장해가 있음. 침몰선에는 적색 뷰이를 붙였음. 각 선박은 주의하여 항해하십시오. 부산 무선국, 끝.

4. 조난 긴급 안전 통신 관련 용어

1) 어떠한 구조를 요합니까?
2) 어떠한 수배를 요합니까?
3) 본선 키가 파손됨. 조타 불능임.
4) 본선을 버려야겠음.
5) 승무원 1명이 해상에 추락 행방불명.
6) 자력으로 이안됩니까?
7) 부근의 해상 상태를 알려 주시오.
8) 상황을 상세히 알려 주시오.
9) 인명, 선체 또는 적화의 손상 정도는 어떠합니까?
10) 경비정을 보내도록 수배하겠습니다.
11) 병원에 연락하여, 통지를 전해주려하려 하니, 환자의 상태를 자세히 알려 주시오.

부 록

(Ⅰ) IMO 영단어집

(Ⅱ) 해상 이동 업무의 우선 통신용 Q약어

(Ⅲ) 각종 약어 및 약호

(Ⅳ) 알파벳 및 숫자 통화표

(Ⅴ) VHF대의 해상이동업무국의 송신용주파수표

[부록(Ⅰ)] IMO 영단어집

[A]

Abnormally Low Tides	이상적인 수면하강
Above Datum	기준면상
Accommodation	거주설비
Acknowledge	숙지하다
Advice	권고
Aft	선미
Aft Station	선미부서
Aground	좌초하여, 지상에
Ahead	전방으로, 전방에
Alter Course	변침하다
Altering Course	변침 중
Anchor	닻, 투묘하다
Anchorage	묘지. 묘박지
Anchoring	묘박
Anchor Position	묘위
Approach Channel	수로입구
Area	수역
Area Indicated	지정수역
Arrival	도착. 입항
Assistance	원조. 유도
Astern	후방으로, 후방에
Astronomical Observations	천측
At Anchor	묘박중
Atmospheric Pressure	기압
ATTENTION	어텐션(긴급통보의 첫머리에 사용)
Avoid	피하다

[B]

Backing	역전
Bank	주, 퇴, 여울
Barometer	기압계
Bay	만
Bearing	방위
Berth	정박하다, 정박지
Berthing	정박
Berthing Instructions	정박지시사항
Boat	보트
Bound	목적항
Breast Line	브레스트라인, 정횡방향계류줄. 옆줄
Breeches Buoy	브리치스 부이
Broken Ice	쇄빙
Buoy	부이, 부표
Buoy Line	부이 라인, 부표색

[C]

Cable	닻줄, 케이블(1/10마일), 해저전선
Cable- Laying Operation	해저전선 부설공사
Calling-in-Point(C.I.P.)	통과지점. 보고지점
Call Sign	호출부호
Canal	운하
Capstan	캡스턴, 권양장치
Cargo Tank	화물탱크
Carry Out	실시하다

Casualty	사고, 해난
Centigrade	섭씨
Change	변경하다
Channel	주파대, 채널
Charted Depths	해도에 기재된 수심
Clear	입항하다, 출항하다, 항과하다, 지장 없다, 비다
Collision	충돌사고
Command	지휘하다
Commence	시작하다, 개시하다
Compulsory	강제적
Contact Point	접촉점(헬리콥터에서 내린 로프 따위가 닿는 지점)
Convoy	호송선단
Correction	정정
course	침로
Current	조류
Current-meter	조류계

[D]

Dangerous Cargo	위험화물
Dangerous Obstruction	위험한 장해물
Dangerous Rock	위험한 바위
Dangerous Shoal	위험한 모래톱
Dangerous Speed	위험속력
Dangerous Wreck	위험한 침선
Decca	데카
Decca Chain	데카 체인
Decreasing	약해지다

Deep Draught	심흘수
Deep Vessel	심흘수선
Deep Water Route	심수심항로
Degree	도
Departure	출발, 출항
Depth(of Water)	수심
Derelict Adrift	유기선
Destination	목적항, 목적지
Details	상세, 세목
Distance	거리
Distance Between Vessels	선박간 거리
Discontinue	중지하다
Distress	조난
Distress Signal	조난신호
Diverte	전환되다
Docking Instructions	계류지시사항
Downstream	하류
Drag Anchor	주묘하다
Dragging (of Anchor)	주묘
Draught	흘수
Dredge Anchor	닻을 끌다
Dredging Anchor	용묘조선
Drifting Mine	부유기뢰
Drilling Rig	굴삭선

[E]

East-bound Vessel	동행선
Emergency Anchorage	긴급묘지
Engine Power	기관출력

Engine Room	기관실
Enter	들어가다, 입항하다
Established	배치된, 인정된, 업무 중인, 정치된
ETA (Estimated Time of Arrival)	도착예정시각
ETD(Estimated Time of Departure)	출발예정시각

[F]

Fairway	가항항로
Fairway Buoy	항로부표
Fairway Speed	항로 제한속력
Falling Tide	낙조
Fire	화재
Fire-Fighting	소화
Fire-Fighting Assistance	소화원조
Fishing	어로
Fishing Gear	어구
Fishing Vessel	어선
Floating Ice	부빙
Fog	안개
Fog Bank	짙고 낮은 안개
Foreign Language	외국어
Foul(Anchor)	파울 앵커
Foul(Propeller)	파울 프로펠러
Forward	선수
Forward Station	선수부서
Freeboard	건현
Frequency	주파수
Full Astern	전속후진

[G]

Gale	강풍
Gas Leakage	가스 누출, 가스 누설
Geographical Name	지명
Go(Run, Strike) Aground	좌초하다
Go Ahead	전진하라
Going Astern	후진 중
Greenwich Mean Time	세계시 (GMT)

[H]

Half Astern	반속후신
Head	곶, 선수
Head Line	헤드 라인, 선수 계류줄
Heave Up Anchor	양묘하다
Height	높이
Helicopter	헬리콥터
Helicopter Station	헬리콥터 기지
Hampered Vessel	조종성능제한선
High Water	고조
Hoist	권양장치, 호이스트
Hold	선창
Horizon	수평선
Hour	시
Hydrographic Survey	수로측량

[I]

Ice	얼음
Icebreaker	쇄빙선

Ice–breakers Assistance	쇄빙선의 원조
Ice Channel	빙간 수로
Icing	(선체의) 결빙
Identification	식별
Identification Signal	식별신호
Identify	식별하다, 확인하다
IMCO	정부간해사자문기구 (Inter–Governmental Maritime Consulative Organization)
Immediately	즉시
IMO	국제해사기구 (International Maritime Organization) IMCO → IMO
IMCO Traffic Separation Scheme	IMCO 교통분리방식
Imperative	명령문
Increased Speed	증속
Increasing	강해지다
Indicative	서술문
Inflammable Cargo	가연성 화물
Inoperative	작동하고 있지 않은
Inshore Traffic Zone	연안항로대
International Code of Signals	국제신호서
International Regulations For Preventing Collisions At Sea	국제해상충돌예방규칙
Interrogative	의문문

[J]

Jettisoning	투하 중, 짐을 던지고 있는

[K]

Keep Clear	피하라, 접근하지 말라

[L]

Lane	레인(데카의)
Lane Number	레인 값
Landing Party	육상송환자, 상륙원
Landing Point	착륙점
Lay by	표주하다(=Lay to)
Leading Line	향노선
Lee	풍상 쪽
Let Go	~을 풀어라
Lifeboat	구명정
Life raft	구명 뗏목
Light Ice Condltlon	경빙상태
Light Vessel	등선, 등대선
List	경사
Listening Watch	청수당직
Living Space	거주구역
Local Time	지방시
Lock	수문
Lock Operation	수문작업
Long Tow	긴 예항물체
Lookout	파수, 견시
Low Water	저조

[M]

Main Harbour	본항
Maritime Safety Committee	해상안전위원회
Man Overboard	물에 빠진 사람
Manoeuvring	조선 중

Manoeuvring Speed	조종속력
Mark	항로표지
Make Fast	계류하다
Maximum	최대
MAYDAY	메이데이(조난신호의 접두어)
Medical Assistance	의료원조
Medical Section	의료부문
MERSAR	상선수색구조편람(Merchant Ship Search and Rescue Manual)
Message	통보
Mine	기뢰
Mistake	잘못 수신했음
Moor	계류하다, 정박하다
Move	이동하다

[N]

Navigation Closed	항행 폐쇄
Navigation Light	항해등
Navigational information	항행통보
Navigational Warnings	항행경보
Necessary	필요
Negative	부정문
Nets	어망, 그물
Not Under Command	운전부자유선
Not Working	고장나다
Noxious Cargo	유해화물
Number	수자

[O]

Obstruct	방해하다
Oceanographic Instruments	해양실험용계기
Off-Shore Installation	해상가동구축물
Oil Clearance	기름오염제거
On Board	선내에, 선상에, 승무하여
On Fire	화재발생
Operation	작업
Order	명령
Out	아웃(통화가 끝났음)
Out Port	외항
Over	오버(송신이 끝났음, 그러면 보내시오)
Overtake	추월하다

[P]

Palm Tree	야자수
PAN PAN	팡팡(긴급신호의 접두어)
Permitted	허용된
Pier	잔교, 부두
Pilot	도선사
Pilotage	도선
Pilot Boat	도선선
Pilot Ladder	도선사용 사닥다리
Pipe-Laying	배관부설
Point	점, 곶
Poisonous Cargo	유독화물
Port	좌현
Port Control	항만관제소
Port of Call	기항지

Position	위치
Prediction	예보
Present Course	현 침로
Present Position	현 위치
Present Speed	현 속력
Procedure	절차
Proceed	항진하다
Prohibit	금지하다
Prohibited Fishing Area	어로금지구역

[Q]

Quay	부두. 안벽(=Berth)

[R]

Radar	레이더
Radar Range Scale	레이더 레인지 스케일
Radio Beacon	라디오 비콘, 무선표지국
Radio Regulations	무선통신규칙
Radio Silence	무선통신의 정지, 무선침묵
Raft(Life raft)	구명 뗏목
Reason	이유
Receiving Point	통항제약지점
Reduced Speed	감속
Refinery	정련소. 정제소
Require	요구하다
Relative Bearing	상대방위
Relay	중계. 중계 하다
Repetition	반복

Report	보고하다
Reporting Point	통과지점, 보고지점
Response	응답
Rising Tide	창조
Risk of Collision	충돌위험
Rocket	로켓(신호)
Roundabout	원형교차점
Routeing	항로지정

[S]

Salvage	침선인양, 해난구조
Safety Signal	안전신호
Sea	바다, 파도
Seismic Survey	지진조사
Search and Rescue	수색과 구조
Search light	탐조등
SECURITE	시큐리티 (안전신호의 접두어)
Seperation Line	분리선
Seperation Zone	분리대
Squall	스콜, 열대성 소나기
Shackle	절
Ships Company	선박승무원
Shallow Water	천수역, 물이 얕은 수역
Shoal	천수역
Shore Radio	육상무선국
Shorten Cable	닻줄을 감아 줄이다
Sights	천측
Signal Lamp	신호등
Signal Strength	감도

Single Up	싱글 업(계류색 1가닥만 남기고 모두 감아 들임)
Sister Ship	자매선
Slack Tide	게조-조수가 정지 상태의 시기
Slick of Oil	부류하는 기름
Slip an Anchor	사묘하다
Slow Astern	미속후진
Sound Signal	음향신호
Speed	속력
Spring	스프링, 사계선색
Stand by	대기하다, 준비하다
Standard Marine Vocabulary	표준항해용어
Standard Verb	표준 동사
Starboard	우현
State of Sea	해면상태
Station	장소, 부서, 배치, 배치하다
Stay on	그대로 기다려라
Steerage Way	타효속력
Stern Line	스턴 라인, 선미계류줄, 선미줄
Storm Centre	폭풍중심, 저기압 중심
Storms	폭풍
Strait	해협
Submerged Wreck	전몰침선
Sufficient Water	충분한 수심
Survivor	생존자
Suspend	일시중지 되다
Swell	너울

[T]

Temporary Anchorage	가박묘지
Tide	조석

Time	시간
Tow	예항
Towing Line	예인줄
Track	항로
Traffic	통항, 교통
Traffic Lane	통항로, 교통로
Traffic Regulations	교통규칙, 통항규칙
Traffic Separation	통항분리방식
Transit	통과
Transferring	이송중
Tropical Storms	열대성 폭풍, 태풍
Tugs	예인선, 예선
Turning	선회중
Two-Way-Route	상호통항로, 상호교통로

[U]

Understand	이해하다
Underway	항행 중
Unknown Object	정체불명의 물체
Upstream	상류
Urgency Signal	긴급신호
Urgent Message	긴급통보

[V]

Veering	순전
Vessel Crossing	횡단선
Vessel Following	후속선, 뒤따르는 선박
Vessel Inward	입항선
Vessel Leaving	정박지나 묘지를 떠나려고 하는 선박

Vessel On Opposite	반항선, 마주치는 배
Vessel Outward	출항선
Vessel's Structure	선체구조물
Vessel Turning	선회선
Visibility	시정
Visual Signal	시각신호

[W]

Wait	대기하다
Warning	경보
Waterline	수선
Way Point	통과지점, 보고지점(=calling in point/reporting point)
Way Through the Water	대수속력
Weather	날씨, 천후
Weather Forecast	일기예보
Wind	바람
Wind Direction	풍향
Wind Force	풍력
Wind Speed	풍속
With Caution	주의하여
Wreck	침선, 침몰된 선박

[Z]

Zone Time	경대시

[부록(Ⅱ)] 해상 이동 업무의 무선 통신용 Q 약어

• Q약어 사용 원칙

1) 이 부록에 수록된 집합의 연속은 QOA부터 QVZ 까지 분포되었다.

2) QOA부터 QOZ까지의 연속은 해상 이동 업무를 위하여 확보한다.

3) 어느 종류의 Q약어는 그 직후에 C 또는 NO 의 약어를 송신함으로써, 긍정 또는 부정의 의미를 부여할 수 있다(보기 : QSG NO).

4) Q약어에 할당한 의미는 다른 집합, 호출 부호, 지명, 숫자, 번호 등을 적당히 부가하여 부연하거나 또는 완전하게 할 수가 있다. 괄호 안의 공백은 임의로 보충한다. 공백에 상업하는 사항은 다음 표의 본문에 표시하는 순서로 송신하여야 한다.

[보기] QRW HLP 500, QRA HLHU, QTP BUSAN, QSW 454

5) Q약어는 그 다음에 우선 천신에서는 RQ(ROMEO QUEBEC)를 붙일 때는 문의의 형식이 된다. 약어를 문의의 뜻으로 사용하고 또한 추가 또한 보충 사항을 수반하는 때에는, 의문부호(또는 RQ)는 이 사항 다음에 붙인다.

[보기] QRU? QRD RQ, QSP HLP? QOD 1 RQ

6) 선택할 수 있는 의미의 번호를 붙인 Q약어는, 목적으로 하는 정확한 뜻을 표시하는 적당한 숫자를 붙여야 한다. 이 수는 약어 직후에 송신하여야 한다.

[보기] QRK 4, QSG 3, QOD 1, QRM 2, QSA 5

7) 시간은 문의 또는 회답에 있어서 별도의 지시가 없는 한 UTC로 표시하여야 한다.

Abbreviation	Question
QOA?	Can you communicate by radiotelegraphy (500 kHz)?
QOB?	Can you communicate by radiotelephony (2182 kHz)?
QOC?	Can you communicate by radiotelephony (channel 6–frequency 156.80 MHz)?
QOD?	Can you communicate with me in … 1. Dutch 6. Italian 2. English 7. Japanese 3. French 8. Norwegian 4. German 9. Russian 5. Greek 10. Spanish?
QOE?	Have you received the safety signal sent by … (*name and/or call sign*)?
QOF?	What is the commercial quality of my signals?
QOG?	How many tapes have you to send?
QOH?	Shall I sent a phasing signal for … seconds?
QOI?	Shall I send my tape?
QOJ?	Will you listen on … kHz(*or* MHz) for signals of emergency position indicating radiobeacons?
QOK?	Have you received the signals of an emergency position–indicating radiobeacon on … KHz (*or* MHz)?
QOL?	Is your vessel fitted for reception of selective calls? If so, what is your selective call number or signal?
QOM?	On what frequencies can your vessel be reached a selective call?
QOO?	On what working frequency can you send?
QOT?	Do you hear my call? What is the approximate delay in minutes before we may exchange traffic?
QRA?	What is the name of your vessel (*or* station)?
QRB?	How far approximately are you from my station?

Abbreviation	Question
QOA	I can communicate by Radiotelephony (500 kHz).
QOB	I can communicate by Radiotelephony (2182 kHz).
QOC	I can communicate by radiotelephony (channel 16–frequency 156. 80 MHz).
QOD	I can communicate with you in … 1. Dutch 6. Italian 2. English 7. Japanese 3. French 8. Norwegian 4. German 9. Russian 5. Greek 10. Spanish.
QOE	I have received the safety signal sent by … (*name and/or call sign*).
QOF	The quality of your signals is 1. not commercial 2. marginally commercial 3. commercial
QOG	I have … tapes to send.
QOH	Send a phasing signal for … seconds.
QOI	Send your tape.
QOJ	I am listening on … kHz (*or* MHz) for signals of emergency position indicating radiobeacons.
QOK	I have received the signals of an emergency position–indicating radiobeacon on … KHz (*or* MHz).
QOL	My vessel is fitted for the reception of selective calls. My selective call number or signal is …
QOM	My vessel can be reached by a selective call on the following frequency/ies … (periods of time to be added if necessary)
QOO	I can send on working frequency … KHz (*or* MHz).
QOT	I hear your call; the approximate delay is …minutes.
QRA	The name of my vessel (*or* station) is …
QRB	The approximate distance between our stations is … nautical miles (*or* kilometers).

QRC?	By what private enterprise (*or* state administration) are the accounts for charges for your station settled?
QRD?	Where are you bound for and where are you from?
QRE?	What is your estimated time of arrival at … (*or* over …) (*place*)?
QRF?	Are you returning to …(*place*)?
QRG?	Will you tell me my exact frequency (*or* that of …)?
QRH?	Does my frequency vary?
QRI?	How is the tone of my transmission?
QRJ?	How many radiotelephone calls have you to book?
QRK?	What is the intelligibility of my signals (*or* those of … (*name and/or call sign*)?
QRL?	Are you busy?
QRM?	Is my transmission being interfered with?
QRN?	Are you troubled by static?
QRO?	Shall I increase transmitter power?
QRP?	Shall I decrease transmitter power?
QRQ?	Shall I send faster?
QRR?	Are you ready for automatic operation?
QRS?	Shall I send more slowly?
QRT?	Shall I stop sending?
QRU?	Have you anything for me?
QRV?	Are you ready?

QRC	The accounts for charges of my station are settled by the private enterprise … (*or* state administration).
QRD	I am bound for … from …
QRE	My estimated time of arrival at … (*or* … over …) (*place*) is … hours.
QRF	I am returning to …(*place*), or return to … (*place*)
QRG	Your exact frequency (*or* that of …) is … KHz (*or* MHz).
QRH	Your frequency varies.
QRI	The tone of your transmission is … 1. good 2. variable 3. bad.
QRJ	I have … radiotelephone calls to book.
QRK	The intelligibility of your signals (*or* those of … (*name and/or call sign*) is … 1. bad 4. good 2. poor 5. excellent 3. fair
QRL	I am busy (*or* I am busy with … (*name and/or call sign*). Please do not interfere.
QRM	Your transmission is being interfered with … 1. nil 4. severely 2. slightly 5. extremely. 3. moderately
QRN	I am troubled by static … 1. nil 4. severely 2. slightly 5. extremely 3. moderately
QRO	Increase transmitter power.
QRP	Decrease transmitter power.
QRQ	Send faster (… words per minute)
QRR	I am ready for automatic operation. Send at …words per minute.
QRS	Send more slowly (… words per minute).
QRT	Stop sending.
QRU	I have nothing for you.
QRV	I am ready.

QRW?	Shall I inform … that you are calling him on … KHz (*or* MHz)?
QRX?	When will you call me again?
QRY?	What is my turn? *(Relates to communication)*
QRZ?	Who is calling me?
QSA?	What is the strength of my signals (*or* those of … *name and/or call sign*)?
QSB?	Are my signals fading?
QSC?	Are you a low traffic ship station?
QSD?	Are my signals mutilated?
QSE?	What is the estimated drift of the survival craft?
QSF?	Have you effected rescue?
QSG?	Shall I send … telegrams at a time?
QSH?	Are you able to home with your direction-finding equipment?
QSI?	I have been unable to break in on your transmission.
QSJ?	What is that charge to be collected to … including your internal charge?
QSK?	Can you hear me between your signals and if so may I break in on your transmission?
QSL?	Can you acknowledge receipt?
QSM?	Shall I repeat the last relegram which I sent you (*or* some previous telegram?)
QSN?	Did you hear me (*or* … (*name and/or call sign*) on …KHz (*or* MHz)?
QSO?	Can you communicate with…(*name and/or call sign*) direct (*or* by relay)?
QSP?	Will you relay to …(*name and/or call sign*) free of charge?

QRW	Please inform … that I am calling him on … kHz (*or* MHz).
QRX	I will call you again at … hours (on …KHz) (*or* MHz).
QRY	Your turn is number … *(or according to any other indication). (Relates to communication).*
QRZ	You are being called by …(on …KHz) (*or* MHz).
QSA	The strength of your signals (or those of … (*name and/or call sign*) ok.… 1. scarcely perceptible 2. weak 4. good 3. fairly good 5. very good
QSB	Your signals are fading.
QSC	I am a low traffic ship station.
QSD	Your signals are mutilated.
QSE	The estimated drift of the survival craft is…(*figures and units*).
QSF	I have effected rescue and am proceeding to … base (with … persons injured requiring ambulance).
QSG	Send … telegrams at a time.
QSH	I am able to home with my direction-finding equipment (on … (*name and/or call sign*). I have been unable to break in on your transmission. *or* Will you inform … (*name and/or call sign*) that I have been unable to break in on his transmission (on … KHz (*or* MHz).
QSI	Will you inform …(*name and/or call sign*) that I have been unable to break in on his transmission (on … KHz (*or* MHz).
QSJ	The charge to be collected to … including my internal charge is … francs.
QSK	I can hear you between my signals; break in on my transmission.
QSL	I am acknowledging receipt.
QSM	Repeat the last telegram which you sent me (*or* telegram(s) number(s) …)
QSN	I did hear you (*or* …(name and/or call sign) on …KHz (*or* MHz).
QSO	I can communicate with (*name and/or call sign*) direct (*or* by relay through…)
QSP	I will relay to (*name and/or call sign*) free of charge.

QSQ?	Have you a doctor on board (*or* is …(*name of person*) on board)?
QSR?	Shall I repeat the call on the calling frequency?
QSS?	What working frequency will you use?
QSU?	Shall I send or reply on this frequency or on …KHz (*or* MHz) (with emission of class …)?
QSV?	Shall I send a series of V's (*or* signs) for adjustment on this frequency (*or* on … KHz *or* MHz)?
QSW?	Will you send on this frequency *or* … on …KHz (*or* MHz) (with emissions of class …)?
QSX?	Will you listen to … (*name and/or call sign(s)*) on …KHz(*or* MHz), *or* in the bands…/channels…?
QSY?	Shall change to transmission on another frequency?
QSZ?	Shall I send each word or group more than once?
QTA?	Shall I cancel telegram (*or* message) number …?
QTB?	Do you agree with my counting of words?
QTC?	How many telegrams have you to send?
QTD?	What has the rescue vessel or rescue aircraft recovered?
QTE?	What is my true bearing from you? What is my true bearing from …(*name and/or call sign*)? what is the true bearing.
QTF?	Will you give me my position according to the bearings taken by the direction-finding stations which you control?

QSQ	I have a doctor on board (*or* ··· (*name of person*) is on board).
QSR	Repeat your call on the calling frequency: did not hear you (*or* have interference).
QSS	I will use the working frequency ··· KHz (*or* MHz) (*in the high frequency bands normally only the last three figures of the frequency need be given*).
QSU	Send or reply on this frequency (*or* on ··· KHz (*or* KHz) (with emissions of class ···).
QSV	Send a series of V's (*or* signs) for adjustment on this frequency (*or* on ··· Khz(*or* MHz).
QSW	I am going to send on this frequency *or* on ··· KHz (or MHz) (with emissions of class ···).
QSX	I am listening to ··· (name and/or call sign(s)) on ···KHz (*or* MHz), or in the bands ···/channels ···.
QSY	Change to transmission on another frequency or on ··· KHz (*or* ··· MHz).
QSZ	Send each word or group twice (*or* ··· times).
QTA	Cancel telegram (*or* message) number ···
QTB	I do not agree with your counting of words; I will repeat the first letter or digit of each word or group.
QTC	I have ··· telegrams for you (*or* for ··· (*name and/or call sign*))
QTD	··· (*identification*) has recovered ··· 1. ···(*number*) survivors 2. wreckage 3. ···(*number*) bodies.
QTE	Your true bearing from me is ··· degrees at ···hours. Your true bearing from ··· *or* (*name and/or call sign*) was ··· degrees at ··· hours. *or* The true bearing of ··· (*name and/or call sign*) from ··· (*name and/or call sign*) was ··· degrees at ··· hours.
QTF	Your position according to the bearings taken by the direction-finding stations which I control was ···latitude ··· longitude ···(*or other indication of position*). class··· at ···hours.

QTG?	Will you send two dashes of ten seconds each (*or* carrier) followed by your call sign (*or* name) (repeated … times) on … KHz (*or* MHz)? or Will you request … (*name and/or call sign*) to send two dashes of ten seconds each/(*or* carrier) followed by his call sign (*and/or name*) (repeated … times on … KHz (*or* MHz)?
QTH?	What is your position in latitude and longitude (*or according to any other indication*)?
QTI?	What is your true course?
QTJ?	What is your speed? (*Requests the speed of a ship or aircraft through the water or air respectively*)
QTK?	What is the speed of your aircraft in relation to the surface of the earth?
QTL?	What is your true heading?
QTM?	What is your magnetic heading?
QTN?	At what time did you depart from … (*place*)?
QTO?	Have you left dock (*or port*)? *or* are you airborne?
QTP?	Are you going to enter dock (*or* port)? *or* Are you going to alight (*or* land)?
QTQ?	Can you communicate with my station by means of the International Code of Signals (INTERCO)?
QTR?	What is the correct time?
QTS?	Will you send your call sign (*and/or* name) for … seconds?
QTT?	Identification
QTU?	What are the hours during which your station is open?
QTV?	Shall I stand guard for you on the frequency of … KHz (*or* the frequency of … KHz (*or* MHz) (from … to … hours)?

QTG	I am going to send two dashes of ten seconds each (*or* carrier) followed by my call sign (or name) (repeated … times) on … KHz (or MHz). *or* I have requested … (*name and/or call sign*) to send two dashes of ten seconds each (*or* carrier) followed by his call sign (*and/or name*) repeated … times) on … KHz (*or* MHz).
QTH	My position is … latitude … longitude …(*or according to any other indication*).
QTI	My true course is … degrees.
QTJ	My speed is … knots(*or* kilometers per hour or … statute miles per hour). (*Indicates the speed of a ship or aircraft through the water or air respectively*).
QTK	The speed of my aircraft in relation to the surface of the earth is … knots (*or* …km per hour *or* …statute miles per hour).
QTL	My true heading is … degrees.
QTM	My magnetic heading is … degrees.
QTN	I departed from … (*place*) at … hours.
QTO	I have left dock (*or* port). or I am airborne.
QTP	I am going to enter dock (*or* port) *or* I am going to alight (*or* land).
QTQ	I am going to communicate with your station by means of the International Code of signals (INTERCO).
QTR	The correct time … hours.
QTS	I Will send my call sign (*and/or* name) for … seconds.
QTT	The identification signal which follows is supperimposed on another transmission.
QTU	My station is open from … to … hours.
QTV	Stand guard for me on the frequency of … KHz (*or* MHz) (from … to … hours).

QTW?	What is the condition of survivors?
QTX?	Will you keep your station open for further communication with me until further notice (*or* until … hours?)
QTY?	Are you proceeding to the position of incident and if so when do you expect to arrive?
QTZ?	Are you continuing the search?
QUA?	Have you news of … (*name and/or call sign*)?
QUB?	Can you give me in the following order information concerning; the direction in degrees true and speed of the surface wind; visibility, present weather, and amount, type and height of cloud above surface elevation at … (*place of observation*)?
QUC?	What is the number (*or other indication*) of the last message you received from me (*or* from … (*name and/or call sign*))?
QUD?	Have you received the urgency signal sent by … (*name and/or call sign*)?
QUE?	Can you speak in… (*language*), with interpreter if necessary; if so, on what frequencies?
QUF?	Have you received the distress signal sent by … (*name and/or call sign*)?
QUH?	Will you give me the present barometric pressure at sea level?
QUM?	May I resume normal working?
QUN?	1. *When directed to all stations:* Will vessels in my immediate vicinit …. *or* (in the vicinity of … latitude ... longitude) *or* (in the vicinity of .. ...) please indicate their position, true course and speed? 2. *When directed to a signal station;* Please indicate your position, true course and speed?
QUO?	Shall I search for … 1. aircraft 2. ship 3. survival craft in the vicinity of … latitude … longitude (*or according to any other indication*)?

QTW	Survivors are in … condition and urgently need …
QTX	I will keep my station open for further communication with you until further notice (*or* until … hours).
QTY	I am proceeding to the position of incident and expect to arrive at … hours (*on … date*).
QTZ	I am continuing the search for … (aircraft, ship, survival craft, survivors or wreckage).
QUA	Here is news of … (*name and/or call sign*).
QUB	Here is the information requested … (*The units used for speed and distances should be indicated*).
QUC	The number (*or other indication*) of the last message I received from you (*or* from … (*name and/or call sign*) is …
QUD	I have received the urgency signal sent by … (*name and/or call sign*) at … hours.
QUE	I can speak in … (*language*) on … KHz (*or* MHz).
QUF	I have received the distress signal sent by … (*name and/or call sign*) at … hours.
QUH	The present barometric pressure at sea level is… (*units*).
QUM	Normal working may be resumed.
QUN	My position, true course and speed are ...
QUO	Please search for … 1. aircraft 2. ship 3. survival craft in the vicinity of … latitude … longitude (*or according to any other indication*)?

QUP?	Will you indicate your position by … 1. searchlight 2. black smoke trail 3. pyrotechnic lights?
QUR?	Have survivors … 1. received survival equipment 2. been picked up by rescue vessel 3. been reached by ground rescue party?
QUS?	Have you sighted survivors or wreckage? if so, in what position?
QUT?	In position of incident marked?
QUU?	Shall I home ship or aircraft to my position?
QUW?	Are you in the search area designated as … (*designator or latitude and longitude*)?
QUX?	Do you have any navigational warnings or gale warnings in force?
QUY?	Is position of survival craft marked?
QUZ?	May I resume restricted working?

QUP	My position is indicated by … 1. searchlight 2. black smoke trail 3. pyrotechnic lights?
QUR	Survivors … 1. are in possession of survival equipment dropped by … 2. have been picked up by rescue vessel. 3. have been reached by ground rescue party.
QUS	Have sighted … 1. survivors within water 2. survivors on rafts 3. wreckage in position … latitude … longitude … (*or according to any other indication*)
QUT	Position of incident is marked by … 1. flame or smoke float 2. sea marker 3. sea marker dye 4. … (*specify other marking*).
QUU	Home ship or aircraft … (*name and/or call sign*) … 1. to your position by sending your call sign and long dashes on … KHz (*or* MHz) 2. by sending on …KHz (*or* MHz) true track to reach you.
QUW	I am in … (*designation*) search area
QUX	I have the following navigational warnings or gale warning(s) in force.
QUY	Position of survival craft was marked at … by … 1. flame or smoke float 2. sea marker 3. sea marker dye 4. …(*specify other marking*)
QUZ	Distress phase still in force, restricted working may be resumed.

[부록(Ⅲ)] Miscellaneous Abbreviation and Signals

Abbreviation of Signal	Definition
AA	All after … (*used after a question mark in radiotelegraphy or after RQ in radiotelephony (in case of language difficulties*) *or after* RPT. *to request a repetition*).
AB	All before … *(used after a question mark in radiotelegraphy or after RQ in radiotelephony (in case of language difficulties) or after RPT, to request a repetition).*
ADS	Address *(used after a question mark in radiotelegraphy or after RQ in radiotelephony (in case of language difficulties) or after RPT, to request a repetition).*
$\overline{\text{AR}}$	End of transmission.
$\overline{\text{AS}}$	Waiting period.
BK	Signal used to interrupt a transmission in progress.
BN	All between … and … *(used after a question mark in radiotelegraphy or after RQ in radiotelephony (in case of language difficulties) or after RPT, to request a repetition).*
BQ	A reply to an RQ.
$\overline{\text{BT}}$	Signal to mark the separation between different parts of the same transmission.
C	Yes(*or* "The significance of the previous group should be read in the affirmative").
CFM	Confirm (*or* I confirm).
CL	I am closing my station.
COL	Collate (*or* I collate).
CORRECTION	Cancel my last word or group. The correct word or group follows (*used in radiotelephony, spoken as KOR–REK–SHUN*).
CP	General call to two or more specified stations.
CQ	General call to all stations.
CS	Call sign (*used to request a call sign*).
DE	"from …" (*used to precede the name or other identification of the calling station*).
DF	Your bearing at … hours was …degrees, in the doubtful sector of this station, with a possible error of … degrees.

[부록(Ⅲ)] 각종 약어 및 약호

Abbreviation of Signal	Definition
AA	…의 뒤 전부 [반복을 청구하기 위하여 무선 전신에서는 의문 부호 다음에, 무선 전화에서는 RQ 다음에(언어상 지장이 있을 경우) 또는 RPT 다음에 사용한다.]
AB	…의 앞 전부 [반복을 청구하기 위하여 무선 전신에서는 의문 부호 다음에, 무선전화에서는 RQ(언어상 곤란이 있는 경우) 또는 RPT 다음에 사용한다.]
ADS	앞 [반복을 청구하기 위하여 무선 전신에서는 의문 부호 다음에, 무선 전화에서는 RQ(언어상 곤란이 있는 경우) 또는 RPT 다음에 사용한다.]
$\overline{\text{AR}}$	전송의 종료
$\overline{\text{AS}}$	기다려 주시오.
BK	계속 중인 전송을 중단시키기 위하여 사용하는 부호
BN	…와 …간의 전부[반복을 청구하기 위하여 무선 전신에서는 의문 부호 다음에, 무선 전화에서는 RQ(언어상 곤란이 있는 경우) 또는 RPT 다음에 사용한다.]
BQ	RQ 에 대한 답
$\overline{\text{BT}}$	동일 전송에 있어서 다른 부분 간의 분리를 표시하는 신호
C	긍정 (또는 이전의 집합의 의미를 긍정합니다.)
CFM	확인하여 주시오(또는 이곳은 확인합니다).
CL	이곳은 폐국합니다.
COL	대조하여 주시오(또는, 이곳은 대조합니다).
CORRECTION	당국에서 송신한 최후의 어 또는 집합을 취소하여 주시오. 정확한 단어 또는 집합은 다음과 같습니다(무선 전화에 사용하는 경우에는 KOR-REK-SHUN 으로 발음한다).
CP	2국 이상의 특정국 앞 일반 호출
CQ	각 국 앞 일반 호출
CS	호출 부호(호출 부호를 청구하기 위하여 사용한다.)
DE	「… 로부터」(호출국의 명칭 또는 타의 식별 표시 앞에 전치하여 사용한다.)
DF	…시에 귀국의 방위는 …도이며 당국의 의심스러운 섹터 내에서 …도의 오차가 있을지 모릅니다.

DO	Bearing doubtful. Ask for another bearing later (*or* at … hours).
E	East (Cardinal point).
ETA	Estimated time of arrival.
INTERCO	International Code of Signals groups follow (*used in radiotelephony, spoken as IN–TER–GO*).
K	Invitation to transmit.
$\overline{\text{KA}}$	Starting signal.
KTS	Nautical miles per hour (*Knots*).
MIN	Minute (*or* Minutes).
MSG	Prefix indicating a message to or from the master of a ship concerning its operation or navigation.
N	North (Cardinal point).
NIL	I have nothing to send to you.
NO	No (*Negative*).
NW	Now.
NX	Notice to Mariners (*or* Notice to Mariner follows).
OK	We agree (*or* It is correct).
OL	Ocean Letter.
P	Prefix indicating a private radiotelegram.
PBL	Preamable (*used after a question mark in radiotelegraphy or after RQ in radiotelephony (in case of language difficulties) or after RPT, to request a repetition).*
PSE	Please
R	Received.
REF	Reference to …(or Refer to …)
RPT	Repeat (or I repeat) (or Repeat…).
RQ	Indication of a request.
S	South(Cardinal point).
SIG	Signature(*used after a question mark in radiotelegraphy or after RQ in radiotelephony (in case of language difficulties) or after RPT, to request a repetition).*
SLT	Radiomaritime Letter.
SVC	Prefix indicating a service telegram.
SYS	Refer to your service telegram.
TFC	Traffic.

DO	방위가 의심스러움. 후에 (또는 …시에) 다시 측정을 청구해 주시오.
E	동(방위)
ETA	도착 예정 시간
INTERCO	국제 통신서 약어군 앞에 붙인다. (무선전화로 사용되는 경우에는 IN–TER–CO로 발음한다).
K	송신하여 주시오.
$\overline{\text{KA}}$	시작 신호
KTS	시간당 해리(노트)
MIN	분 (또는 …분)
MSG	선박의 운용 또는 항행에 관하여 선장이 발수하는 전보를 표시하는 전치 부호.
N	북(방위)
NIL	이곳은 그곳에 송신할 것이 없습니다.
NO	이니오(부정).
NW	지금
NX	항해자에의 통보(또는 다음에 항해자에의 통보가 계속된다).
OK	우리는 동의합니다(또는 이것이 맞습니다).
OL	양상 무선 서신
P	무선 사보를 표시하는 전치 부호
PBL	액표 [반복을 청구하기 위하여 무선 전신에서는 의문 부호 다음에, 무선 전화에서는 RQ(언어상 곤란이 있는 경우) 또는 RPT 다음에 사용한다.]
PSE	부디
R	수신하였습니다.
REF	…의 참조 (또는 …를 참조하시오.)
RPT	반복합니다(또는, 당국은 반복합니다). (또는 …를 반복하시오).
RQ	청구의 표시
S	남(방위의 표시)
SIG	서명[반복을 청구하기 위하여 무선 전신에서는 의문 부호 다음에, 무선 전화에서는 RQ(언어상 곤란이 있는 경우) 또는 RPT 다음에 사용한다.]
SLT	해상 무선 서신
SVC	국보를 표시하는 전치 부호
SYS	귀국보를 참조하시오.
TFC	통신

TR	Used by a land station to request the position and next port of call of a mobile station; used also as a prefix to the reply.
TU	Thank you.
TXT	Text *(used after a question mark in radiotelegraphy or after RQ in radiotelephony (in case of language difficulties) or after RPT, to request a repetition).*
$\overline{\text{VA}}$	End of work.
W	West (Cardinal point).
WA	Word after … *(used after a question mark in radiotelegraphy or after RQ in radiotelephony (in case of language difficulties) or after RPT. to request a repetition).*
WB	Word before … (used after a question mark in radiotelegraphy or after RQ in radiotelephony (in case of language difficulties) or after RPT. to request a repetition).
WD	Word(s) or Group(s).
WX	Weather report (*or* Weather report follows).
WQ	Prefix used to indicate the transmission of a service note.
YZ	The words which follow are in plain language.

TR	육상국이 이동국의 위치와 다음의 기항지를 청구하기 위하여 사용한다. 또한, 그 답에 전치하여 사용한다.
TU	감사합니다.
TXT	본문 [반복을 청구하기 위하여 무선 전신에서는 의문 부호 다음에, 무선 전화에서는 RQ(언어상 곤란이 있는 경우) 또는 RPT 다음에 사용한다.]
$\overline{\text{VA}}$	통신의 완료
W	서(방위)
WA	…의 다음의 어[반복을 청구하기 위하여 무선 전신에서는 의문 부호 다음에, 무선 전화에서는 RQ (언어상 곤란이 있는 경우) 또는 RPT 다음에 사용한다.
WB	…의 앞의 어[반복을 청구하기 위하여 무선 전신에서는 의문 부호 다음에, 무선 전화에서는 RQ (언어상 곤란이 있는 경우) 또는 RPT 다음에 사용한다.
WD	단어 또는 집합
WX	기상 통보(또는, 기상 통보 앞에 붙인다.)
WQ	협의 사항의 전송을 표시하기 위하여 사용하는 전치 부호
YZ	다음에 계속되는 어는 보통어이다.

[부록(Ⅳ)] 알파벳 및 숫자 통화표

문자	사용하는 말	발 음 라틴 알파벳에 따른 영어식 표시	
A	ALFA	AL FAH	(알파)
B	BRAVO	BRAH VOH	(브라보)
C	CHARLIE	CHAR LEE, SHAR LEE	(촬리)
D	DELTA	DELL TAH	(델타)
E	ECHO	ECK OH	(에코
F	FOXTROT	FORKS TROT	(폭스트로트)
G	GOLF	GOLF	(골프)
H	HOTEL	HOH TELL	(호텔)
I	INDIA	IN DEEAH	.(인디아)
J	JULIETT	JEW LEE ETT	(줄리엣)
K	KILO	KEY LOH	(킬로)
L	LIMA	LEE MAH	(리마)
M	MIKE	MIKE .	(마이크)
N	NOVEMBER	NO VEM BER	(노벰버)
O	OSCAR	OSS CAH	(오스카)
P	PAPA	PAH PAH	(파파)
Q	QUEBEC	KEH BECK	(퀘백)
R	ROMEO	ROW ME OH	(로미오)
S	SIERRA	SEE AIR RAH	(시에라)
T	TANGO	TANG GO	(탱고)
U	UNIFORM	YOU NEE FORM or OO NEE FORM	(유니폼)
V	VICTOR	VIK TAH	(빅터)
W	WHISKEY	WISS KEY	(위스키)
X	X-RAY	ECKS RAY	(엑스레이)
Y	YANKEE	YANG KEY	(양키)
Z	ZULU	ZOO LOO	(줄루)

(주) 발음은 명확히 한다. 밑줄이 있는 부분은 엑센트.

숫자통화표			
숫자 또는 송신하는 번호	식 별 어	발 음	
		영 어 식 표 시	불 어 식 표 시
0	NADAZERO	NAH–DAH–ZAY–ROH	NA–DA–ZE–RO
1	UNAONE	OO–NAH–WUN	OUNA–OUANN
2	BISSOTWO	BEES–SOH–TOO	BIS–SO–TOU
3	TERRATHREE	TAY–RAH–TREE	TE–RA–TRI
4	KARTEFOUR	KAR–TAY–FOWER	KAR–TE–FO–EUR
5	PANTAFIVE낱	PAN–TAH–FIVE	PANN–TA–FAIF
6	SOXISIX	SOK–SEE–SIX	SO–XI–SICKS
7	SETTESEVEN	SAY–TAY–SEVEN	SET–TE–SEVN
8	OKTOEIGHT	OK–TOH–AIT	OK–TO–EIT
9	NOVENINE	NO–VAY–NINER	NO–VE–NAI–NEU
소수점	DECIMAL	DAY–SEE–MAL	DE–SI–MAL
종지부	STOP	STOP	STOP

㈜ 각 음절은 같은 강도로 발음한다.

[부록(V)] VHF대의 해상이동업무국의 송신주파수표

통신로	송신주파수(MHz)		선박 상호간	항무통신		선박이동		공중 통신
	선박국	해안국		1주파수	2주파수	1주파수	2주파수	
60	156.025	160.625			17		9	25
01	156.050	160.650			10		15	8
61	156.075	160.675			23		3	19
02	156.100	160.700			8		17	10
62	156.125	160.725			20		6	22
03	156.150	160.750			9		16	9
63	156.175	160.775			18		8	24
04	156.200	160.800			11		14	7
64	156.225	160.825			22		4	20
05	156.250	160.850			6		19	12
65	156.275	160.875			21		5	21
06	156.300		①					
66	156.325	160.925			19		7	23
07	156.350	160.950			7		18	11
67	156.375	156.375	10	10		9		
08	156.400		②					
68	156.425	156.425		6		②		
09	156.450	156.450	5	5		12		
69	156.475	156.475	9	11		4		
10	156.500	156.500	3	9		10		
70	156.525		6					
11	156.550	156.550		3		①		
71	156.575	156.575		7		6		
12	156.600	156.600		①		3		
72	156.625		7					
13	156.650	156.650	4	4		5		
73	156.675	156.675	8	12		11		
14	156.700	156.700		②		7		
74	156.725	156.725		8		8		
15	156.750	156.750	12	14				
75	보호주파수대 156.7625~156.7875MHz							
16	156.800	156.800	조난, 안전 및 호출					
76	보호주파수대 156.8125~156.8375MHz							
17	156.850	156.850	13	13				
77	156.875		11					
18	156.900	161.500			3		22	

	78	156.925	161.525			12		13	27
19		156.950	161.550			4		21	
	79	156.975	161.575			14		①	
20		157.000	161.600			①		23	
	80	157.025	161.625			16		②	
21		157.050	156.050 161.650			5		20	
	81	157.075	161.675			15		10	28
22		157.100	161.700			②		24	
	82	157.125	161.725			13		11	26
23		157.150	156.150 161.750						16
	83	157.175	156.175 161.775						
24		157.200	161.800						4
	84	157.225	161.825			24		12	13
25		157.250	161.850						③
	85	157.275	161.875						17
26		157.300	161.900						①
	86	157.325	161.925						15
27		157.350	161.950						②
	87	157.375	161.975						14
28		157.400	162.000						6
	88	157.425	162.025						18

[주] a: 「선박상호간」 란의 숫자는 이동국이 사용하여야 할 채널의 통상순위를 표시한다.

b: 「항무통신」. 「선박이동」 및 「공중통신」 란의 숫자는 각 해안국이 사용하는 채널의 통상순위를 표시한다. 다만, 경우에 따라 부근의 해안국업무 간에 유해한 혼신을 피하기 위하여 채널을 생략할 필요가 있을 수 있다.

c: 주관청은 해상지원통신에 참여하는 해안국 또는 선박무선국과 통신하도록 경비행기 및 헬리콥터가 사용하는 선박상호간, 항무통신 빛 선박이동업무에 주파수를 지정할 수 있다.

d: 채널 70은 86. 1. 1 이후는 조난 및 안전을 위한 디지털 선택 호출 (DSC)전용이다.

| 편저자 약력 |

- 한국항공대학 통신과 졸업
  건국대학교 행정대학원(통신행정전공) 졸업

- 한국수산개발공사 기술훈련소 통신교관
  미극동지구 해상운송사령부(MSCFE) 선박통신장
  한국어업기술훈련소(UNDP) 통신과 주임
  동의공업전문대학 통신과 강사
  부산수산대학 통신공학과 강사
  성지공업전문대학 통신과장
  전 한국해기연수원 교수

- 저서
  선박해사요론. 국제전파관계법규. 통신운용론(공저).
  선박텔렉스 전파의 실무. 선박운항해사개론.
  IMO표준항해용어 회화집.

해광출판기획

IMO 표준 항해 영어

용어 회화 해상통신법

2017년 9월 5일 인쇄 정가 18,000 원
2017년 9월 15일 발행

편저자 김웅주
편 집 조민경 노혜진 빅희헌
발행인 조 준 형
발행처 해광출판사
주 소 부산광역시 중구 구덕로 38(남포동 4가 2-4)
전화번호 (051) 253-0001 팩스 (051) 245-1187
등 록 제 2012-000005호

이 도서의 국립중앙도서관 출판예정도서목록(CIP)은 서지정보유통지원시스템 홈페이지(http://seoji.nl.go.kr)와 국가자료공동목록시스템(http://www.nl.go.kr/kolisnet)에서 이용하실 수 있습니다.
(CIP제어번호: CIP2017016554)